高·等·职·业·教·育·教·材

生活中的化学

王广珠　主编
董会钰　丁晓红　主审

化学工业出版社

·北京·

内容简介

《生活中的化学》从人们日常生活的衣食住行入手，通过介绍化学在生活中的应用，增加读者的化学知识和对化学的学习兴趣。本书主要内容包括化学的发展、生命与化学、饮食与化学、日用品与化学、药物与化学、环境与化学、新材料与化学和人类健康等。通过学习，可以使学生对化学在生活中以及在相关领域中的重要作用有一个正确的认识与了解，从而提高科学素养、正确选择各种食品、合理使用日用化学品、提高生活的质量。

本书可作为高（中）等职业类院校非化工类专业的公共选修课教材，也可作为社会各界人士了解生活中化学的原理与应用的参考书。

图书在版编目（CIP）数据

生活中的化学/王广珠主编. —北京：化学工业出版社，2022.9
高等职业教育教材
ISBN 978-7-122-41645-2

Ⅰ.①生⋯ Ⅱ.①王⋯ Ⅲ.①化学-高等职业教育-教材 Ⅳ.①O6

中国版本图书馆 CIP 数据核字（2022）第 100365 号

责任编辑：旷英姿　蔡洪伟	文字编辑：姚子丽　师明远
责任校对：赵懿桐	装帧设计：王晓宇

出版发行：化学工业出版社（北京市东城区青年湖南街 13 号　邮政编码 100011）
印　　装：三河市延风印装有限公司

787mm×1092mm　1/16　印张 10　字数 221 千字　2022 年 8 月北京第 1 版第 1 次印刷

购书咨询：010-64518888　　　　　售后服务：010-64518899
网　　址：http://www.cip.com.cn

凡购买本书，如有缺损质量问题，本社销售中心负责调换。

定　价：**29.00 元**　　　　　　　　　　　　　　　　　　　　版权所有　违者必究

《生活中的化学》编审人员名单

主　　编　　王广珠

副 主 编　　杨彩英　　王艳红　　王　静　　高　原

编写人员（以姓氏笔画为序）

　　　　　　　　王　静　　王广珠　　王华东　　王艳红　　杨彩英

　　　　　　　　张宁宁　　勇飞飞　　高　原　　潘立新

主　　审　　董会钰　　丁晓红

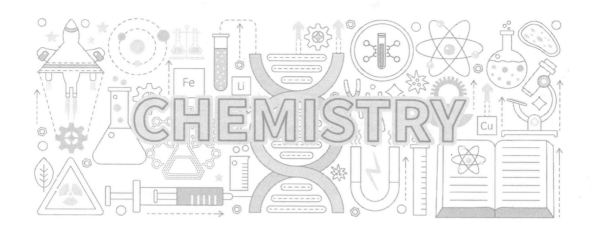

前 言

  化学源于生活，人类的生活离不开化学。化学可以使物品变得更丰富，使生活变得更美好。人们的生活离不开化学，化学也改变了我们整个世界。

  化学是研究物质"变化"的科学，化学变化不但包括量的变化，还包括质的变化，同时还伴随着能量的变化。化学又是一门社会迫切需要的中心学科，化学与信息、材料、环境、生命、能源等紧密联系、相互交叉、渗透，逐渐形成多门新型交叉学科。

  化学是一门与人们生活密切相关的学科，千百年来，化学为人类创造了不计其数的物质财富。《生活中的化学》一书通过回顾化学发展的历史，展现化学研究的巨大成就；通过探究衣、食、住、行等生活中不可或缺的化学制品之源，展示化学是如何让人类生活变得丰富多彩；通过思索现在、探究未来，展望化学将使我们的明天更精彩！通过学习，可使学生感受到"化学的世界，宽广深邃、瑰丽神奇"。

  《生活中的化学》教材在内容编排上，努力做到五个结合，即"历史性与前沿性相结合、科学性与科普性相结合、知识性与应用性相结合、趣味性与艺术性相结合、教师主导作用与学生主体作用相结合"，通过鲜活的实例、翔实的数据及最新的研究成果丰富教材内容，引导学生认识到化学在生活中的重要作用以及化学对人类生活指导的重要意义。

  本书是在山东药品食品职业学院领导大力支持和帮助下，相关教师参与编写完成的。

  全书共分八章，具体编写分工如下：第一章由王广珠、高原编写，第二章由潘立新编写，第三章由张宁宁编写，第四章由王静编写，第五章由王艳红编写，第六章由杨彩英编写，第七章由勇飞飞编写，第八章由王华东编写。董会钰和丁晓红担任主审。

  由于编者水平有限和编写时间仓促，书中难免存在不足之处，敬请各位读者和同仁给予批评指正。

编者

2022 年 1 月

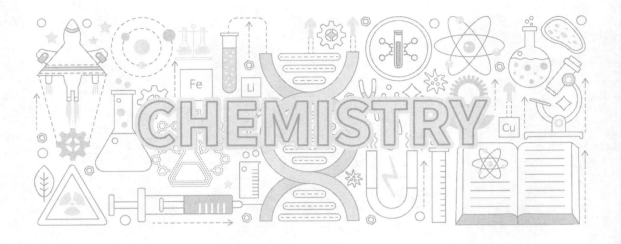

目 录

001　第一章　概述

第一节　化学及其发展史　/001
　一、什么是化学　/001
　二、化学发展史　/002
第二节　化学的分类　/006
　一、无机化学　/007
　二、有机化学　/007
　三、分析化学　/007
　四、物理化学　/008
第三节　化学与日常生活的关系　/009
第四节　化学：我们的未来　/010
思考题　/012

013　第二章　生命与化学

第一节　生命之源——水　/013
　一、水的性质　/013
　二、地球上的水　/014
　三、水与生命　/016
　四、水是大自然赋予人类最好的饮料　/016
第二节　生活中的酸碱盐　/017
　一、生活中常用的酸　/017
　二、生活中常用的碱　/018

三、食物的酸碱性　　　　　　　　　　　　　　　　/020
　　四、生活中常用的无机盐　　　　　　　　　　　　/020
第三节　构成生物体的基础有机化合物　　　　　　　　/021
　　一、生物体的基础能源——糖类　　　　　　　　　/021
　　二、生物体的重要能源——油脂　　　　　　　　　/024
　　三、构成生物体的物质基础——蛋白质　　　　　　/026
　　四、调节器官机能的微量物质——维生素　　　　　/028
第四节　人体中的化学　　　　　　　　　　　　　　　/030
　　一、人体中的胃酸　　　　　　　　　　　　　　　/030
　　二、汗水的秘密　　　　　　　　　　　　　　　　/030
　　三、苯乙胺和多巴胺　　　　　　　　　　　　　　/031
思考题　　　　　　　　　　　　　　　　　　　　/032

第三章　饮食与化学

第一节　食品中的化学成分　　　　　　　　　　　　　/033
　　一、美味的豆腐　　　　　　　　　　　　　　　　/035
　　二、酒与化学　　　　　　　　　　　　　　　　　/036
　　三、茶与化学　　　　　　　　　　　　　　　　　/039
　　四、可乐的化学元素　　　　　　　　　　　　　　/041
　　五、食物相克的真与假　　　　　　　　　　　　　/041
第二节　食品添加剂　　　　　　　　　　　　　　　　/042
　　一、增味剂——味精　　　　　　　　　　　　　　/042
　　二、着色剂——胭脂虫红　　　　　　　　　　　　/044
　　三、防腐剂——亚硝酸盐　　　　　　　　　　　　/044
第三节　转基因食品　　　　　　　　　　　　　　　　/046
　　一、什么是转基因食品　　　　　　　　　　　　　/046
　　二、转基因食品的特点　　　　　　　　　　　　　/046
　　三、转基因食品的种类　　　　　　　　　　　　　/046
　　四、转基因食品的安全性　　　　　　　　　　　　/047
第四节　食品质量安全等级　　　　　　　　　　　　　/048
　　一、普通食品　　　　　　　　　　　　　　　　　/048
　　二、无公害食品　　　　　　　　　　　　　　　　/049
　　三、绿色食品　　　　　　　　　　　　　　　　　/049
　　四、有机食品　　　　　　　　　　　　　　　　　/051
思考题　　　　　　　　　　　　　　　　　　　　/051

第四章 日用品与化学 052

- 第一节 化妆品与化学 /052
  - 一、化妆品定义和分类 /052
  - 二、化妆品的原料 /054
  - 三、化妆品的危害 /060
- 第二节 服饰品与化学 /062
  - 一、服饰品的概述与分类 /063
  - 二、服饰品的原料和作用 /065
  - 三、服饰品的危害、防护和储存 /065
- 第三节 表面活性剂与化学 /069
  - 一、固态表面活性剂——肥皂和洗衣粉 /070
  - 二、液态表面活性剂——液体肥皂、洗洁精和洗衣液 /072
  - 三、膏状表面活性剂——沐浴乳、洗面奶 /074
- 思考题 /075

第五章 药物与化学 076

- 第一节 药物的基本知识 /077
  - 一、什么是药物 /077
  - 二、药物的分类 /078
  - 三、新药从何而来 /079
  - 四、抗生素你了解多少 /080
  - 五、如何合理用药 /082
- 第二节 药物与健康 /084
  - 一、屠呦呦的抗疟之旅——青蒿素的发现和利用 /084
  - 二、阿司匹林——树皮里"煮"出来的经典 /086
  - 三、别让胃那么酸——常见的胃酸中和剂 /087
  - 四、茶水服药，究竟行不行 /088
  - 五、无痛拔牙的秘密 /089
  - 六、烟酰胺——美白界的"万金油" /089
- 思考题 /090

第六章 环境与化学 091

- 第一节 生命之气 /092
  - 一、维持生命之气——氧气 /092
  - 二、神奇的氮气 /093
  - 三、地球生命的保护伞——臭氧层 /093

第二节　常见的环境污染 /095
　　一、铅的污染 /095
　　二、工业染料的危害 /096
　　三、CO 的危害 /097
　　四、酸雨的危害 /097
　　五、被夺走的呼吸——刺激性气体、窒息性气体和
　　　　粉尘 /099
　　六、水污染 /102
　　七、土壤污染之痛病 /105
　　八、电子垃圾 /107
第三节　绿色化学与技术 /108
　　一、绿色化学与技术的产生 /108
　　二、绿色化学与技术的内容 /109
　　三、绿色化学与技术的发展 /110
思考题 /111

第七章　新材料与化学

第一节　材料概论 /113
　　一、材料的定义 /113
　　二、生物医用材料 /113
　　三、纳米材料 /116
　　四、纳米材料的应用 /118
第二节　新型材料 /121
　　一、手性分离膜：一招识破手性分子 /121
　　二、小龙虾助力环保——可降解塑料的应用 /122
　　三、肼：火箭燃料的冲锋者 /122
　　四、吸水纸的奥秘 /123
　　五、永不生锈的内脏——人工肾、肝、肺 /124
第三节　新材料与汽车 /126
　　一、汽车零件上的化学——碳素钢 /126
　　二、保险杠竟然是塑料做的！ /126
　　三、纳米二氧化硅：新型橡胶轮胎的新宠 /127
　　四、车用汽油有保质期吗？ /127
　　五、新能源汽车的心脏——电池 /128
思考题 /131

第八章 健康漫谈

第一节 什么是健康 /133
  一、个体健康 /133
  二、人群健康 /136
  三、影响健康的因素 /137
  四、十种危险生活方式 /137

第二节 你是否"亚健康"了 /138
  一、亚健康人群分布及主要症状 /138
  二、亚健康分类 /140
  三、亚健康的30项标准 /141
  四、亚健康的危害和原因 /142
  五、如何克服亚健康 /142

第三节 如何做一个健康的人 /143
  一、健康管理 /143
  二、健康理念 /146
  三、健康实施 /147
  四、健康自测 /147

思考题 /148

参考文献 /149

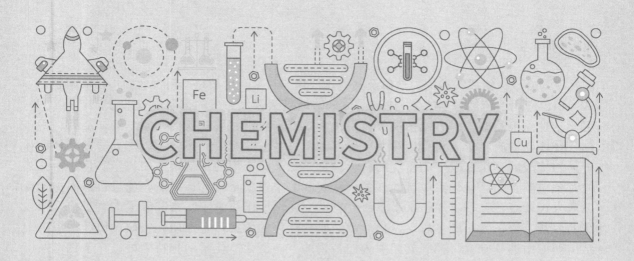

第一章
概　　述

在信息化及网络大发展的时代背景下,化学与社会各方面的结合已经成为人类社会发展的大趋势。广大青年学生必须具备足够的化学知识以应对未来的挑战,且化学的思维方式对学生人文素质提升有着重大的意义。本教材对应的课程面向大学所有专业学生开设,也适合中学生和社会上想要提高化学科学素养的人员学习。该课程与现实生活结合紧密,使学生能够窥探化学世界之美,领略化学的奥秘,建立科学的化学观,从而能够用化学的眼睛看世界,解决生产和生活中涉及的化学问题。

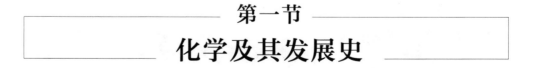

第一节　化学及其发展史

一、什么是化学

化学是研究变化的科学。《辞海》对化学的定义为:化学是研究物质(单质及化合物)

的发现与合成、组成、结构、性质及其变化规律的科学。化学是一门古老而年轻的科学，其知识已应用于自然科学的各个领域，成为改造自然强大力量的重要组成部分。化学家们用化学观点来观察、思考社会现象，用化学知识来分析、解决社会问题，例如能源、粮食、环境、健康、资源与可持续发展等问题。恩格斯曾指出：化学可以称为研究物体由于量的构成的变化而发生的质变的科学。化学是一门实用的、创造性的科学，化学研究的对象包罗万象。化学工作者的任务，从宏观上来说就是研究、改造、建设自然界；从微观来说就是在分子、原子水平上研究物质变化。中国科学院院士陈懿又丰富了化学概念的内涵，他认为：顾名思义，化学就是研究变化的学问，是在研究物质性质、组成、结构和应用的基础上，控制其朝着人们希望的方向变化。化学的独特之处，在于创造新的、自然界不存在的物质。

二、化学发展史

1. 古代实用化学时期

远古时期，虽然没有化学的科学定义，人们还没有听说过"化学"这个词，但是人们在长期的生活实践中却逐渐应用了许多化学知识。比如火是人类发现和利用的第一个化学现象，直到现在在化学实验室中利用火加热依然是最为常见的加热方法。人类从野火中引来了火种，把生的食物变熟，结束了原始人类茹毛饮血的时代，吃熟食不但能够减少疾病的发生，缩短食物在人体消化的过程，同时也为脑髓的发展提供了丰富的营养，使人类大脑的发育一代比一代完善。随后人们根据摩擦生火发明的钻木取火，是人类战胜自然的第一个伟大胜利。它使人类获得了照明、驱寒、御敌的有效手段。

在熊熊的烈火中，人们将黏土烧制成了精美的陶瓷。大约距今 1 万年前，我国就出现了烧制陶器（图 1-1）的窑，到了宋代，陶瓷的烧制出现了第一个高峰，陶瓷是中国人对世界文明的重要贡献。陶器是以黏土（黏土的主要成分是 SiO_2、Al_2O_3、$CaCO_3$ 和 MgO 等）为原料，经过高温发生化学反应烧制而成，具有防水、坚固、耐高温等性能，极大地方便了古人的生活，因此陶器很快成为人们不可缺少的生产、生活工具。

图 1-1　陶器

第一章 概述

知识拓展：天价陶瓷

名为"鬼谷子下山图罐"的青花瓷，是我国元代的文物，2005年7月12日在伦敦佳士得拍卖会上拍出1568.8万英镑，约合2.3亿人民币，以当天的国际牌价可以买2吨黄金，创下了亚洲艺术品拍卖和中国瓷器及中国工艺品拍卖的世界纪录。青花瓷是我国古代制瓷业进入彩瓷时代的重要标志。这件文物创下瓷器全球高价，其原因主要是它出品于中国制作青花瓷器的鼎盛时期，历经700年仍然保存完好。

在熊熊的火焰中，矿石烧制了青铜和铁。炼金术的发明，标志着冶金史上新阶段的来临。远在5000多年前的马家窑文化时期，我国古人即开始使用青铜制品。夏、商、西周、战国时期是中国的青铜时代，青铜铸造的发展，促进了当时生产力的进步。比如殷朝前期制备的后母戊鼎是世界上出土的最大青铜器，战国时期的铜编钟更是古代乐器的伟大创造。春秋晚期，铁器制作就极其繁荣，到了战国末年，已经到了炼铁和铁器制造的黄金时代。中国的炼铁和铁制品的制造远超过西方国家，比如汉代环首刀，全长1210mm，刃长1010mm，上部宽20.2mm，下部宽28mm，内弧弯4mm，重1000g。西方这个时期根本没有如此高超的技术。

青铜器的发展也推动了玻璃产生。我国古代青铜器的冶炼技术到了商代已经发展得非常成熟，其中铜的主要原料是孔雀石，它的化学名称是碱式碳酸铜，此外还有锡矿石和木炭，而在天然的孔雀石和锡矿石中含有玻璃的主要成分硅酸盐。因此在青铜的冶炼过程中，高温下熔融的玻璃珠就作为副产品生成。玻璃的主要成分是硅酸钠，它本身没有颜色，其中混入了铜或其他金属离子，就呈现不同的颜色，不透亮，因此当时没有得到古人的重视。埃及是世界上最先发现烧制并使用玻璃的国家之一。玻璃制品的应用，丰富了人类物质文化生活，促进了欧洲炼金术、制药化学的发展，玻璃仪器和器皿为近代化学实验提供了有力的工具。

炼丹（金）术兴起于约公元前2世纪，跨时约2000年，遍布于古代中国及世界其他许多国家和地区。当时的帝王和显贵们期望用铜、铅、铁等贱金属或金属矿物为原料，通过简单的处理得到金、银等贵金属，以获取更多的财富，同时想获得能使人长生不死的药物。我国古代炼丹术源于古代神话传说中长生不老的观念，如后羿从西王母处得到了不死之药，嫦娥偷吃后便飞奔到月宫，成为月中仙子。自周秦开始，历代帝王大都深信长生不老之说，几乎个个喜欢炼丹术，留下了许多珍贵的史料。西汉淮南王刘安就是著名的炼丹家，著有《淮南子》，书中提到汞、丹砂、雄黄等药物。东晋著名炼丹家葛洪所撰的《抱朴子·内篇》对炼丹术进行了较详尽的总结，记录了许多"长生不老药"及其制炼方法。

唐代是我国炼丹术发展的全盛时期，于公元9～10世纪传入阿拉伯，大约12世纪又从阿拉伯传入了欧洲。最早的炼金术可追溯到古埃及和古巴比伦时期，其目的与中国的炼丹术大致相同。西方古代先哲亚里士多德一生研究的领域极广，著作颇丰，他的元素论就是

生活中的化学

炼金术的基础理论之一。公元 8 世纪，阿拉伯炼金术的鼻祖扎比尔曾著过一本名为《东方的水银》的炼丹书，书中记载用绿矾（$FeSO_4·7H_2O$）、硝石（主要成分 KNO_3）与明矾 [$KAl(SO_4)_2·12H_2O$] 蒸馏制备硝酸（HNO_3），这对于后来在欧洲因研究溶液而发展的化学产生了极大的影响。伟大的物理学家和数学家牛顿在幼年时期就对亚里士多德的元素论感兴趣，曾逐字逐句誊写和翻译过许多炼金术著作，还编辑过一份详细的炼金术词汇表。在进入剑桥学习的时候，他的第一位导师莫尔就是一名炼金术士，著有《灵魂不朽》一书。牛顿还曾进行过大量的炼金术实验，其中包括参照古罗马圣教徒瓦伦丁所著《锑之凯旋车》中的方法，成功制备出了一种被称为"星锑"的美丽晶体。

　　无论是中国的炼丹术还是经阿拉伯传至欧洲的炼金术，都无一例外地在实践中屡遭失败，所追求的虚幻目标一再破灭。中国的炼丹术逐渐让位于本草学。在欧洲，炼金术也不得不改换方向，转向实用的冶金化学和医药化学。化学方法转而在医药和冶金方面得到了充分发挥。尽管古代炼丹（金）的目的并未达到，但炼丹（金）实践对化学、冶金和药学等科学的发展影响深远。在炼丹（金）过程中，炼丹（金）家们有目的地将各类物质搭配烧炼，发现了铅、汞、硫、砷等许多化学物质间的转化，了解了许多无机物的性质及分离与提纯的方法。分类研究了许多物质的性质，特别是相互反应的性能，制造出了很多化学药剂、有用的合金及治病的药物，其中很多就是今天我们常用的酸、碱和盐，甚至总结出了一些化学反应规律，大大丰富了化学知识。例如，我国炼丹家葛洪曾经过炼丹实践后提出"丹砂烧之成水银，积变又还成丹砂"这样的现象，也就是说葛洪不仅认识了无机合成，更为可贵的是还注意到了硫和汞的可逆反应，即"物质之间可以用人工的方法互相转变"的化学变化规律。

$$HgS \rightleftharpoons Hg + S$$

　　火药的发明就源于我国西汉时期的炼丹，因以硫黄、硝石和木炭为原料，在用火炼制的过程中频频发生着火和爆炸现象，经不断总结后获得了火药的配制方法，因此火药也是我国古代四大发明之一，火药是炼丹家在工作中意外的收获，并与本草学有着密切的联系。黑火药的主要成分是硝石、硫黄和木炭，其中硝石和硫黄都可以作为药材，因此黑火药又称为"药"。恩格斯曾说：火药和火器的采用绝不是一种暴力而是一种工业的也就是经济的进步。与此同时，炼丹（金）家们还发明了诸如蒸馏器、熔化炉、升华器、研钵、烧杯及过滤器等许多化学实验器具和装置，也创造了各种实验方法，如研磨、混合、溶解、灼烧熔融、升华等，所使用的许多器具和方法经改进后，仍然在今天的化学实验中应用。在欧洲文艺复兴时期，出版了一些有关化学的书籍，第一次有了"化学"这个名词。英文 chemistry（化学）一词即起源于 alchemy，即炼金术。chemist 至今仍保留着化学师和药剂师的含义。那些每日饱受烟熏火燎的虔诚的炼丹（金）家们就是最早的化学家，成为开创化学工艺的先驱，他们的辛勤劳动为近代化学的产生奠定了基础。

　　古代实用化学时期经历了实用化学、炼丹和炼金、原始医药和冶金化学等阶段。人类的早期化学知识来源于生产和生活实践，积累了大量的经验性和零散的化学知识。古代化学具有实用和经验的特点，尚未形成理论体系，是化学的萌芽时期。

2. 近代化学时期

从 17 世纪中叶英国化学家罗伯特·波义耳把化学确立为科学开始，到 19 世纪 90 年代物理学的三大微观发现（X 射线、放射性和电子）前的 200 多年，为近代化学时期。这个时期的化学，从一般的知识积累发展为系统整理。

波义耳在前人研究的基础上，将天平用于化学实验，并依靠化学实验研究了组成物质的元素，提出了元素学说。波义耳的观点完全摒弃了西方炼金术中的神秘学思想，将自然哲学思想独立出来形成一门新的科学。但由于当时化学实验水平的限制，波义耳的元素概念只是一种缺乏具体内容的抽象概念。法国化学家安托万-洛朗·德·拉瓦锡通过定量实验对物质燃烧现象的实质进行了研究，证实燃烧是物质与空气中的氧气发生的化合反应，提出了氧化燃烧理论，取代了长达 100 年之久的燃素说（由德国施塔提出）：认为一切与燃烧有关的化学变化都可以归结为物质吸收或释放一种燃素物质的过程，揭开了蒙在燃烧现象上的神秘面纱，使当时因迅速发展的冶金和化学工业需要解释火及燃烧本质的谜底终于有了科学的答案。这一理论的提出在科学史上被誉为"化学革命"，并为化学的进一步发展打开了局面。拉瓦锡的燃烧理论还揭示了现今众所周知的质量守恒定律，因此拉瓦锡被公认为"化学之父"和化学学科奠基人。

直到 19 世纪初期，英国化学家约翰·道尔顿创立原子学说，他主张用原子的化合与分解来说明各种化学现象和各种化学定律，揭示出了一切化学现象的本质都是原子的运动，明确了化学的研究对象，极大拓展了人类对物质构成的认识。1811 年意大利化学家阿莫迪欧·阿伏伽德罗提出了分子的概念（认为气体分子可以由几个原子组成，但直到 50 年后才被认可），完善和发展了道尔顿的原子学说，较好地解决了物质组成的本原问题，从此化学由宏观进入了微观的层次，极大地推进了化学研究的发展，从此使化学研究建立在原子和分子水平的基础上。1869 年俄国化学家德米特里·伊万诺维奇·门捷列夫在英国分析化学家和工业化学家约翰·亚历山大·雷纳·纽兰兹的研究基础上，把当时已知的看起来似乎不相干的 63 种元素依照相对原子质量（简称原子量）的变化联系起来，并深入研究了各元素的物理和化学性能随原子量递变的关系，发现了著名的元素周期律，并将其表达成元素周期表的形式。元素周期律是自然界中最重要的规律之一。19 世纪，化学工业在欧洲繁荣起来，进一步促进了化学学科的发展。工业生产的发展也为有机化学的产生创造了条件，19 世纪后期，物理化学的发展显示出它的理论价值，并渗透到无机化学、分析化学和有机化学等方面，初次显示出化学与物理学密切的内在联系，并使得物理化学成为继无机化学、分析化学和有机化学后的又一重要的化学分支学科。

古代中国在炼丹、酿造和造纸等实践中早已产生了化学科学的萌芽，而且发展的水平远超出当时世界其他国家，但因缺少科学的实验发现和符合逻辑推理的理论求索，一直未能形成完整的化学理论体系。直到 19 世纪 30 年代，近代化学知识才随着南方沿海地区中外贸易的发展开始传入我国。1835 年晚清进士丁守存所著《造化究原》和《新火器说》，涉及了一些近代化学知识。鸦片战争以后，欧美列强的坚船利炮打破了清政府的闭关锁国政策，抱有改良主义幻想的一批中国知识分子在"师夷长技以制夷"的思想引导下,将近代化学从欧美引入中国。徐寿和虞和钦都是中国近代化学传播的开拓者,另外张子高、吴宪、杨石先、黄鸣龙等都为中国近代化学发展以及化学教育做出了不可磨灭的贡献。

3. 现代化学时期

19 世纪末,物理学得到了前所未有的发展,产生了一系列重大的发现,为化学在 20 世纪的重大进展创造了条件,尤其是 X 射线、放射性和电子的发现,解释了原子的内部结构和微观世界的波粒二象性的普遍性,使经典力学上升为量子力学,为化学提供了分析原子和分子的电子结构的理论方法,使人类逐步认识了化学键(分子中相邻原子之间的结合力)的本质,对原子结合成分子的方式和规律的研究日趋深入和系统,价键理论、分子轨道理论和配位场理论等化学键理论相继产生。这些发现和研究成果打开了探索原子和原子核内部结构的大门,吸引了许多科学家去探索物质微观世界更深层次的奥秘。热力学等物理学理论引入化学以后,利用化学平衡和反应速率的概念,可以判断化学反应中物质转化的方向和条件,研究化学反应如何进行。热力学揭示了化学反应的机理、反应过程中的能量变化及物质的结构与其反应能力之间的关系,是控制化学反应过程的理论基础。随着人们对分子结构和化学键认识的不断深入,化学反应理论也不断得到了深化。

20 世纪以来,化学由宏观向微观,由定性向定量,由稳定态向亚稳定态发展。从原有的经验摸索上升到科学的理论体系,然后再指导设计和开创新的研究。化学的发展为人类社会的进步提供了充足的新材料、新物质、新能源,同时在与其他自然科学相互渗透的进程中不断产生新的交叉学科。

现代化学的发展日新月异,化学与社会的关系也日益密切,人们运用化学的观点来观察和思考社会问题,用化学的知识来分析和解决诸如能源危机、粮食问题、环境污染等社会问题,现代化学与其他学科相互交叉与渗透,尤其是数学、物理的不断渗透,产生了包含生物化学、地球化学、海洋化学、大气化学、宇宙化学等诸多分支学科。现代化学更加真实深刻地反映出物质世界的多样性、复杂性和统一性。

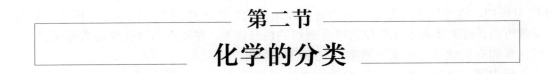

第二节 化学的分类

化学研究的范围极其广阔。按研究的对象或研究的目的不同,可将化学分为无机化学、有机化学、分析化学和物理化学等四大分支学科。随着化学在各方面的应用,化学与其他学科的结合及新技术、新材料的发展,又陆续形成了许多新的分支和边缘学科,例如:高分子化学、生物化学、药物化学、环境化学、海洋化学等。

第一章 概述

一、无机化学

无机化学是除碳氢化合物及其衍生物外,对所有元素及其化合物的性质及其反应进行实验研究和理论解释的科学,是化学学科中发展最早的分支学科之一。古代东西方的炼丹(金)术、冶金、陶瓷制造等就是最早的无机化学的探索和应用。元素周期律的发现对无机化学的系统性起了决定性作用。目前无机化学又派生出稀有元素化学、配位化学、同位素化学、金属化合物化学、无机高分子化学、无机合成化学等新的分支学科。无机化学与其他学科结合又形成了许多交叉学科,如:有机金属化学、无机材料化学、物理无机化学、生物无机化学等。因此,无机化学的发展对解决矿产资源的综合利用,近代技术中所迫切需要的原材料等有着重要的作用。

二、有机化学

有机化学是研究碳氢化合物及其衍生物的组成、结构、命名、性质、鉴别、制备方法以及应用的科学,是化学的重要分支。

被誉为"有机化学之父"的贝采里乌斯于1806年首次提出了"有机化学"名称。在过去的很长时期里,由于科学条件限制,有机化学研究的对象是从天然动植物有机体中提取的有机物。1828年,德国化学家维勒在实验室中首次成功合成了尿素,有机化学才脱离了传统定义的范围,扩大为含碳物质的化学。尿素的合成、原子价概念的产生、苯的六环结构和碳价键四面体等学说的创立、酒石酸旋光异构体的拆分,以及分子的不对称性等的发现促使有机化学结构理论的建立,使人们对分子本质的认识更加深入,并奠定了有机化学的基础。化学家们不仅能够在实验室中分离和提取天然物质,而且合成了一系列自然界里未曾发现的有机化合物,并逐步兴起了有机合成化学工业。目前,有机化学已经形成了普通有机化学、有机合成化学、组合化学、金属和非金属有机化学、物理有机化学、生物有机化学、有机分析化学等多个分支。目前已知的有机化合物就有千万种之多,而每年又出现数以万计的新有机化合物。因此,有机化学是化学研究中最庞大的领域,它与医药、农药、染料、日用化工等方面的关系特别密切。

三、分析化学

分析化学是研究物质的化学组成、含量、结构和存在形态及其与物质性质之间的关系等化学信息的分析方法及理论的一门科学,是化学最早形成的分支之一。分析化学的名称创自波义耳,但分析化学的实践与古代冶金、酿造等化学工艺同样古老。经典化学分析方法的建立和完善对于原子量的准确测定、元素及元素周期律的发现发挥了基础性的作用,期间，天平的发明对定量分析化学的发展至关重要。1841年，瑞典化学家、现代化学命名体系的建立者贝采里乌斯的《化学教程》，1846年德国化学家弗雷泽纽斯的《定量分析教程》和1855年德国分析化学家莫尔的《化学分析滴定法教程》等专著相继出版，已初具今日化学分析的雏形。进入20世纪，分析化学经历了三大变革：第一次在20世纪初，物理化学溶液理论的发展，建立了四大溶液平衡理论，分析化学由一种技术发展为一门科学；在第二次世界大战前后，物理学和电子学的发展促使了各种仪器分析方法的大发展；20世纪70年代以来，以计算机应用为主要标志的信息时代的到来，促使分析化学发展为分析科学。

分析化学的主要任务是研究下列问题：①物质中有哪些元素和(或)基团(定性分析)？②每种成分的数量或物质纯度如何（定量分析）？③物质中原子彼此如何连接成分子和在空间如何排列（结构和立体分析）？研究对象从单质到复杂的混合物和大分子化合物，从无机物到有机物，从低分子量到高分子量，样品可以是气态、液态或固态。

分析化学以化学基本理论和实验技术为基础，并吸收物理、生物、统计、电子计算机、自动化等方面的知识以充实本身的内容，从而解决科学、技术所提出的各种分析问题。常见分析方法包括化学分析法和现代仪器分析法。化学分析法是以化学反应为基础的分析方法，现代仪器分析法是利用特定仪器并以物质的物理化学性质为基础的分析方法，如原子发射光谱、吸收光谱、可见分光光度法、电化学分析、色谱、红外光谱、核磁共振等。现在分析化学广泛应用于生产中原料和成品的分析检测、生产过程监控、食品分析检测、环境监测、医学检验等很多方面。

四、物理化学

物理化学是化学学科的基础理论部分，是以物理的原理和实验技术为基础，研究化学体系的性质和行为，发现并建立化学体系的特殊规律的学科。物理化学的建立，使得化学不再只是一门经验学科，而具有理论指导意义。如天然气制氢气的第一个反应式：

$$CH_4(g)+H_2O(g)\longrightarrow CO(g)+3H_2(g)$$

在低于800℃时，人们尝试了很多种催化剂，但该反应都不发生。直到热力学建立，计算该反应的 $\Delta_r G_m^{\ominus} = 142 \text{kJ/mol}$，人们才知道，只有改变反应温度，使反应温度>800℃，而不是只通过改变催化剂才能使反应向右进行。

物理化学主要内容包括：化学热力学、化学动力学和结构化学等。

化学热力学：主要研究化学反应的可能性及反应程度等问题。

化学动力学：主要研究化学反应速率等问题。

结构化学：主要研究原子、分子水平的微观结构以及这种结构和物质宏观性质的相互关系的问题。

化学学科在其发展的过程中还与其他学科交叉结合而形成了各种边缘学科，如生物化学、地质化学、放射化学以及激光化学等。随着化学各分支学科和边缘学科的建立，化学研究的发展总趋势可以概括为：从宏观到微观、从静态到动态、从定性到定量、从描述到理论。

第三节
化学与日常生活的关系

　　化学是一门古老而实用的学科，但在现代社会它又是一门富有创造性的中心学科。它不但使人类由古代穴居人的野蛮生活步入到现代高度文明和谐的环境中，使人类社会的文明进步和人类生存环境及质量都有了翻天覆地的变化，同时，也使它和人类社会的关系越来越密切，使人类生活的各个方面以及社会发展的种种需要都与化学息息相关。

　　自化学诞生以来，特别是近100年来，人们合成和分离了近2300万种物质，极大地满足了人类生存和社会进步的物质需要。

　　人们的衣着原料有毛、丝、棉、麻和皮革，但也有大量的人造纤维和合成纤维等，并且在其制造和纺织过程中都用了大量的化学品，如棉、麻、丝绸和皮毛的处理、着色、加工都有化学的功劳。在其处理过程中大量地使用了染料、软化剂、整理剂、洗涤剂、干洗剂、鞣剂、加脂剂、光亮剂、漂白剂等各种助剂。特别是三大合成材料——塑料、合成纤维和合成橡胶的出现结束了人类依靠天然材料的历史，谱写了现代文明的新篇章。五光十色的塑料一年产量相当于木材和水泥的总产量，是钢铁产量的2倍。美观耐用的纤维，世界合成纤维年产量约1500万吨，远超过天然纤维产量，一个年产万吨的合成纤维厂的产能，约相当于30万亩棉花或者250万头绵羊的产能。我国每年生产的合成纤维约占世界的60%，可为全球每个人制作4套衣服。性能优异的合成橡胶填补了橡胶缺口，性能优于天然橡胶，现在使用的橡胶超过60%为合成橡胶。合成药物的出现，终止了人类依靠天然药物的历史，解除了人类的疾病痛苦，有效阻止了疾病的传播，延长了人类的寿命，开创了人类健康新时代。

　　在种植粮食及瓜果蔬菜、饲养动物、酿酒等过程中都使用了大量的化学品，如肥料、农药、发酵剂、碳酸气、保鲜剂、饲料添加剂等。事实上，在我们的食物中不可能除去"化学品"，可以说世界的每一种物质都是由化学品构成的。人工固氮技术被誉为"20世纪最重要的发明"，是化工生产实现高温、高压、催化反应的第一个里程碑，解决了氮肥生产的原料问题，促进了农业的发展。如果没有人工固氮，世界粮食产量至少要减少一半。人工固氮为工业生产、军事工业需要的大量硝酸、炸药解决了原料问题，同时在化工生产上推动了高温、高压、催化剂等一系列的技术进步。

　　无论是动植物的生长和发育，还是食物保存（防腐剂、包装、储藏）或者是水和空气的净化和处理，以及符合人类生存的卫生和营养标准的建立和监督都离不开化学知识。

　　在住房、装修和家庭陈设品等材料中，除了天然的木材、沙石外，钢铁、水泥、玻璃、陶瓷产品、地毯、空调机、灯具、电源、卫生用品和各种装饰材料等也都用了大量的化学品，如钢铁冶炼用的助剂，水泥的不同化学组分，烧制陶瓷的二氧化硅、三氧化二铝，制造玻璃的不同配料，地毯的原料，塑料和橡胶制品等。从古代的穴居到现代的高层建筑，由只有木材到水泥、钢材、陶瓷、玻璃乃至各种建筑装饰材料都可以说是化学制品。从卧室到客厅，从厨房到浴室，从家具到餐具，从照明到彩电、冰箱、洗衣机、空调及计算机，无一例外都离不开化学制品。

汽车、飞机、火车、摩托车、自行车等交通工具需要钢铁、合金、塑料、橡胶、合成纤维、皮革制品等，以及在整个制造过程中所使用的各种助剂均为化工产品。无论是汽车、火车，还是飞机，许多东西都是化学加工的产品。在一辆现代的汽车中，塑料的用量非常大（一辆小车占230kg之多），尤其是特种塑料（质强和量轻、耗油少）。又如轮胎的橡胶是经过硫化才变得坚韧和实用。蓄电池、钢化玻璃、燃油和润滑剂都有化学添加剂，使其具有防爆和全天候性能，尤其是现代汽车的排气系统中还装有催化转化器，它们是用铂、铑和其他物质将一氧化氮、一氧化碳和未燃尽的碳氢化合物转化为较低毒性的化学物质。事实上，在机动车工业中就有大量化学家参与研究和开发。如美国的三大汽车制造商的研究室中化学家的数量最多，他们主要研究如何使燃料燃烧完全而减少污染、如何设法用现代塑料来代替金属、如何改变车辆的上漆方法和免用溶剂、如何获得漂亮而耐用的外观、如何设法改进蓄电池使电动汽车得到较好的发展等。至于飞机则无论是材料还是燃料，它都要求使用特殊的化学品，太空飞行的多种材料就更是如此。

另外，在人们生活中所观察到的各种文化用品及电视摄像所用的器具和材料，如纸、印刷品、电视机、照相机、胶卷、眼镜、望远镜、收音机、随身听、乐器、唱片、录音/录像带、VCD、CVD等，在其制造过程中均需用到大量化学品或均是用化学品为原料制造出来的，也使用了大量的化学助剂。

总而言之，无论是在衣、食、住、行过程中所用的各种原料还是器具的制造过程中用到的各种助剂，都是用高新技术组合和制造出来的，而每一种助剂均为一个精细化工行业。化学对人类生活水平和质量的提高，对现代物质文明的进步所作的贡献是我们大家有目共睹的。

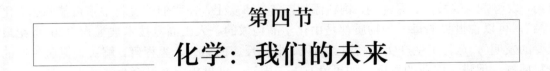

第四节
化学：我们的未来

21世纪初，人类迫切需要的，对人们的生活和世界经济的发展影响最大的两大发明是信息技术和合成化学技术。再过30～50年人类对生物技术需要的迫切性和生物产业的规模，才有可能超过信息产业和合成化学产业，所以21世纪是信息科学、合成化学和生命科学共同繁荣的世纪。化学反应理论、化学结构和性能的定量关系、生命现象的反应机理和纳米尺度规律是21世纪化学面临的四大难题。面对未来发展的机遇和挑战，为实现人类社会科学发展和可持续发展的目标，化学责无旁贷，大有可为。化学是让世界实现可持续发展的最现实办法。

1. 适应人口增长

未来化学将会为我们提供清新的空气、纯净的水、健康的食品、可信赖的药物、先进的材料和绿色制品等一系列安全的生活必需品。为适应人口的增长，化学为研究开发高效安全的肥料、饲料、农药、农用材料以及新型农业生产方式等打下基础，在解决了化学反应理论以及化学结构和性能定量关系等问题，充分了解光合作用、固氮作用机理和催化理论的基础上，我们期望实现农业的工业化，在化工厂生产粮食和蛋白质，大大缩减占用的耕地面积，使地球能养活人口数量成倍增加。

联合国粮农组织指出，发展中国家的粮食增产，55%来自化肥，中国能以占世界7%的耕地，养活占世界22%的人口，化肥起到重要的作用。合成氨领域已经相继获得了三个诺贝尔化学奖，我们期望获得第四个或更多个诺贝尔化学奖，使合成氨这个最大的耗能工业，实现活性更高、耗能更低。届时中国将是最大的受益国之一。

化学将在控制人口数量、医疗保健、健康食品等人口与健康的诸多方面开拓新局面，用以提高人类的生活质量。一旦生命现象的反应机理这个难题得到解决，化学将为医学家提供理论依据，避免人类遭受疾病的痛苦，人类将可能享受150岁天年。

在化学结构和性能的定量关系和纳米尺度规律两大难题解决之后，化学将提高材料制备工艺，并不断研发新材料，满足人口膨胀和社会进步日益增长的材料需求。我们期望得到比现在性能最好的合金钢材强度还大10倍，但是重量轻得多的合成材料，使城市建筑和桥梁建设的面貌焕然一新。

2. 应对能源挑战

地球能源储量有限，现有的储量不断减少，面对现实低能耗、低排放、资源再生、循环和综合利用、开发新型能源等一系列可持续发展的要求，化学的作用必将更加重要。我们寄希望于化学家们：在充分了解结构和性能关系的基础上，通过化学方法和手段提高能源的利用率、降低污染，开启环保高效新篇章即洁净煤利用技术。石油三次采油使得多数油田的原油采油收率提高20%以上，相当于过去50年油田总产量的一半，取得了巨大经济效益。将原油通过简单蒸馏提高汽油、煤油、轻重柴油及各种润滑油馏分等进行一次加工，然后将这些半成品中的一部分作为原料，进行原油二次加工，经催化裂化、催化重整、加氢裂化等，提高石油产品的质量和轻质油的收率。

秸秆是来源稳定、有很大潜力的洁净可再生资源，以稻壳秸秆作为生物燃料，通过化学方法或生物发酵制成乙醇、生物柴油等液体燃料和氢、甲烷等气体燃料。同时2吨稻壳秸秆发电相当于1吨煤，我国每年秸秆相当于3.25亿吨煤。

实现利用化学开发可再生新能源。如太阳能、风能、核能、水能、潮汐能的开发，尤其是太阳能，合成出高效、稳定、廉价的太阳能光电转化材料，组装成器件。太阳投射到地球上的能量，是当前世界能耗的一万倍。如果光电转化效率为10%，我们只要利用0.1%的太阳能，就能满足当前全世界能源的需要。在合成了廉价的可再生的储氢材料和能转换材料的基础上，街上行走的汽车将全部是零排放的电动汽车，我们穿的将是空调衣服。

生活中的化学

3. 缓解环境压力

人类在收获文明的同时也面临着地球和环境生态平衡等诸多问题。化学将通过进一步研究物质在环境中迁移、转化的规律等，还人类以碧水蓝天。面对生存环境的持续恶化，化学不仅关注有效污染控制技术，更加关注原始污染的预防，"绿色化学"的应运而生，为人类最终解决环境问题带来新希望。现代化学的第一次革命即人工固氮技术，现代化学第二次革命即发展绿色化学。我们期望未来的化工企业将是绿色的、零排放的、原子经济的，物质在内部循环的企业。让我们共同发展绿色化学，迎接化学的黄金时代，实现我们美好的愿景。

社会公共安全已成为全球关注的一个重要问题，其中不确定性和应激性是公共安全突发事件的重要特征。从化学角度来说，防患于未然以及处理已经发生的危机是化学家义不容辞的责任和义务。化学将为构建和谐社会和国家长治久安作出贡献，如化学将会在食品安全检测、药品质量检测、炸药与毒药等危险品的检测及处置、化学事故处理救援、建筑阻燃与消防安全、人防防护材料等方面发挥至关重要的作用。

化学是一门发现的科学、创造的科学，也是支撑国家安全和国民经济发展的科学。化学在解决粮食问题、战胜疾病、解决能源问题、改善环境问题、发展国家防御与安全所用的新材料和新技术等方面起着不可或缺的关键作用。化学将继续在发现和创造的征程上不断前进，面临能源、环境的挑战，不断为人类的可持续发展、创造美好生活提供有力的支撑。

思考题

1. 化学史学习有没有必要？意义何在？
2. 经过 50~100 年的努力，解决了化学的世纪四大问题，我们人类将迎来美好的愿景。请憧憬这一美好愿景。

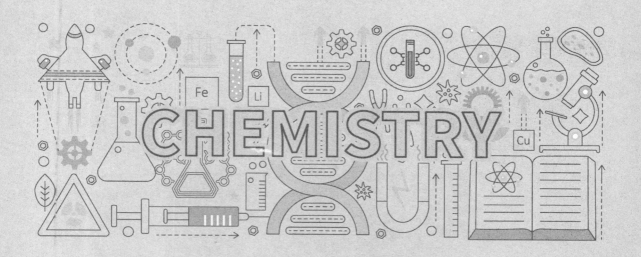

第二章
生命与化学

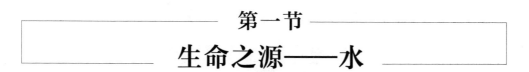

第一节
生命之源——水

大约 46 亿年前地球刚刚诞生，水就已经存在了，水覆盖了地球表面 72% 以上的区域。水赋予了地球生命。水是世间万物生发的源头，江河湖泊，冰川雨雪，生命的孕育，生命的存在等，这一切，都离不开水。

一、水的性质

水，化学式为 H_2O，是由氢、氧两种元素组成的无机化合物，无毒，可饮用。在常温常压下为无色无味的透明液体。它是所有生命生存的重要资源，也是生物体最重要的组成部分。

水在 3.98℃时密度最大（999.97kg/m³，近似计算中常取 1000kg/m³）。固态水（冰）的密度（916.8kg/m³）比液态水的密度（999.84kg/m³）小，所以冰能漂浮在水面上。水结冰时，体积略有增加。

生活中的化学

纯水导电性十分微弱，属于极弱的电解质。日常生活中的水由于溶解了其他电解质而有较多的阴阳离子，才有较为明显的导电性。

水分子是极性的，即水分子的正负电荷中心不重合（如图2-1所示），这使得水成为一种很好的极性溶剂。

图 2-1　水分子结构示意图

二、地球上的水

我们生活的地球，海洋面积覆盖了 70.8%，在宇宙中闪烁着迷人而充满生命的蓝色。如果把地球上所有的高山、低谷都拉平，让水与每一寸土地亲昵，地球表面的水可深达 2400 多米，地球也就真正变成了一颗"水球"，如图 2-2 所示。

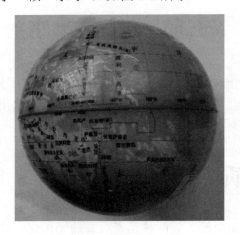

图 2-2　地球——水球

地球上的水总体积约有 13.86 亿立方千米，其中 97.5%分布在海洋，无法直接饮用。淡水只有 0.35 亿立方千米左右。若扣除人类难以利用的两极冰盖、高山冰川和永冻地带的冰雪，以及分布在盐碱湖和内海的水量，人类真正能够利用的是江河湖泊以及地下水中的一部分，不到地球总水量的 1%，如图 2-3 所示。

第二章 生命与化学

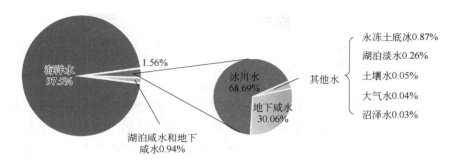

图 2-3 地球上水资源分布图

由于地球上人口分布与淡水资源分布不成比例,加上水资源污染和使用过程中的浪费,约 65%的水资源集中在不到 10 个国家,而约占世界人口总数 40%的 80 个国家和地区却严重缺水。据联合国公布的统计数据,全球有 11 亿人生活缺水,26 亿人缺乏基本的卫生设施。所以不少国家和地区不惜成本,设立海水淡化装置或采取其他措施来缓和淡水供应矛盾。随着经济的不断发展,人们对淡水的需求不断增加,预计 2025 年,淡水资源紧缺将成为世界各国普遍面临的严峻问题。

我国是一个水资源短缺、水旱灾害频繁的国家,如果按水资源总量考虑,水资源总量居世界第六位,但是我国人口众多,若按人均水资源量计算,人均占有量只有 2500m^3,约为世界人均水量的 1/4,在世界排第 110 位,已经被联合国列为 13 个贫水国家之一。

知识拓展　国家节水标志的组成

圆形代表地球,象征节约用水是保护地球生态的重要措施。标志留白部分像一只手托起一滴水。手是拼音字母 JS 的变形,寓意节水,表示节水需要公众参与,鼓励人们从自己做起,人人动手节约每一滴水;手又像一条蜿蜒的河流,象征滴水汇成江河。手接着水珠,寓意接水,与节水音似。

节水标志寓意:像对待掌上明珠一样,珍惜每一滴水!

本标志由江西省井冈山大学网络信息中心康永平所设计,2000 年 3 月 22 日揭牌。标志着中国从此有了宣传节水和对节水型产品进行标识的专用标志。

三、水与生命

人类生活的地球是太阳系中唯一一颗孕育了丰富生命物种的星球。为什么迄今为止只有地球上存在生命？除了地球上有空气外，水是一个不能忽略的因素。虽然科学家在水星和火星上也发现了水，但是与水星和火星不同的是，地球上的水存在三态的变化，而水星和火星上的水则只是以固体形式存在。

对于人来说，水是仅次于氧气的重要物质。在成年人体内，占重量60%的是水。儿童体内水的比重更大，可达近80%。如果一个人不吃饭，依靠自己体内储存的营养物质或消耗自体组织，可以活一个月。但是如果不喝水，连一周时间也很难度过。体内失水10%就威胁健康，如失水20%，就有生命危险，足可见水对生命的重要意义。

水不仅是构成身体的主要成分，而且还有许多生理功能。水的溶解力很强，许多物质溶于水后解离为离子状态，发挥重要的作用。不溶于水的蛋白质和脂肪可悬浮在水中形成胶体或乳液，便于消化、吸收和利用；水在人体内直接参加氧化还原反应，促进各种生理活动和生化反应的进行，维持血液循环、呼吸、消化、吸收、分泌、排泄等生理活动及体内新陈代谢。水的比热大，可以调节体温，使体温保持恒定。当外界温度高或体内产热多时，水的蒸发及出汗可帮助散热；天气冷时，由于体内水储备热量的潜力很大，人体不致因外界寒冷而使体温降低。水的流动性大，可以运送氧气、营养物质、激素等，同时通过大小便、出汗把代谢产物及有毒物质排泄掉。

四、水是大自然赋予人类最好的饮料

人体内的水随着人的生理活动会不断地消耗，为了维持身体内水分的平衡，就需要大量地补给水分。补水的最好方式就是有规律地匀速地喝足够的水。水类产品非常丰富，有矿泉水、纯净水、自来水、咖啡、茶、果汁、饮料等，但就补充人体所需的水来讲，矿泉水、纯净水、自来水更胜一筹！

天然矿泉水埋藏于地层深处，经深层循环和自然过滤，化学成分、流量及水温等动态稳定，天然纯净、卫生安全，而且天然矿泉水富含多种人体必需的常量元素和微量元素，长期饮用可有效获取各种营养成分，预防、缓解多种疾病，促进身体健康。所以天然矿泉水有大自然馈赠的"流体黄金"之美称。

纯净水是将天然水经过多道工序处理、提纯和净化的水。经过多道工序后的纯净水除去了对人体有害的物质、部分矿物质元素以及有害细菌，符合国家生活饮用水相关卫生标准，可以直接饮用，但不适宜长期饮用。

自来水是指通过自来水处理厂净化、消毒后生产出来的符合相应标准的供人们生活、生产使用的水。生活用水主要是通过水厂的取水泵站汲取江河湖泊及地下水、地表水，由自来水厂按照国家《生活饮用水卫生标准》，经过沉淀、消毒、过滤等工艺流程的处理，最后通过配水泵站输送到各个用户的水。自来水是大众的选择，方便实惠。

天然矿泉水中的多种矿物质和微量元素如表 2-1 所示。

表 2-1　天然矿泉水中的多种矿物质和微量元素

矿物质和微量元素	对人体健康的作用
偏硅酸	促进骨骼生长发育；软化血管，缓解动脉硬化
锶	人体骨骼及牙齿的组成成分；软化人体主动脉硬化；促进新陈代谢
锌	提高免疫力；促进食欲增加；促进伤口愈合
硒	具有免疫调节功能；有效阻止病毒突变
钙	构成骨骼与牙齿的主要成分，防止骨质疏松症及骨软化症
锂	调节中枢神经活动，能安定情绪，具有明显的镇静作用
铁	血红蛋白的组成成分；参与氧气和二氧化碳的运载和交换；是酶的构成物质
镁	增强骨骼和牙齿强度，有助于肌肉放松从而促进肌肉的健康
铜	具有造血、软化血管、促进细胞生长、壮骨骼、加速新陈代谢、增强防御机能的作用
钾	维持人体正常的渗透压和酸碱平衡；促进新陈代谢，加速疲劳恢复；降低血压
钠	保持体内水分平衡，防止脱水；有助于神经活动和肌肉收缩
锰	有助于骨骼、软骨、组织和神经系统的健康形成，并可激活多种酶的活性；减少细胞损害、健全大脑功能
碘	促进甲状腺激素的合成；促进人体的生长发育

第二节　生活中的酸碱盐

酸、碱、盐是化学中常用的物质，同时也与我们的生活密切相关。

一、生活中常用的酸

1. 碳酸

碳酸是一种二元弱酸，其化学式为 H_2CO_3，是二氧化碳溶于水而生成的酸。二氧化碳在溶液中大部分是以微弱结合的水合物形式存在，只有一小部分形成碳酸，故其酸性很弱，温度稍高一些便会分解出二氧化碳气体。我们喝的汽水就是一种碳酸饮料。制造汽水时就需要在加压的条件下，把二氧化碳溶解在水里。当人喝汽水时，气压减小，二氧化碳从水中逸出，并从口腔排出，带走热量，因此人感到凉爽。碳酸饮料含有多种食品添加剂，在使用过程中一般喜欢与冰相结合，除糖类能给人体补充能量外，充气的"碳酸饮料"营养成分较少。常饮用碳酸饮料易腐蚀损坏牙齿，儿童大量饮用碳酸饮料易发生蛀牙、骨折。地面上的二氧化碳溶于水中生成碳酸，当地面上的水渗入地下时，碳酸也被带到地下，并与地下岩石中难溶的碳酸钙反应，生成可溶于水的碳酸氢钙，导致地下水含钙离子较多，形成硬水，给人们利用地下水带来麻烦。

2. 醋酸

醋酸是无色、有刺激性酸味的液体，其化学式为 CH_3COOH，熔点为 16.6℃、沸点为 117.87℃、密度为 1.0492g/mL。纯醋酸在 16.6℃ 以下能结合成冰状固体，又称冰醋酸。醋酸易溶于水及许多有机溶剂。醋酸有腐蚀性，它的水溶液有弱酸性，能跟许多活泼金属、碱性氧化物、碱等反应生成醋酸盐。醋酸是食醋的主要成分，在食用醋中含有 3%~6% 的醋酸。醋酸是重要的有机化工原料，用于生产醋酸纤维、喷漆溶剂、香料、染料、医药等。

3. 柠檬酸

柠檬酸，又名枸橼酸，化学式为 $C_6H_8O_7$，学名为 3-羟基-3-羧基戊二酸（结构式如图 2-4 所示），在室温下为白色结晶性粉末，无臭、味极酸，密度为 1.542g/mL，熔点为 153~159℃，175℃ 以上分解释放出水及二氧化碳。柠檬酸易溶于水，在潮湿空气中易潮解，在干燥空气中易风化。主要用于食品、饮料行业，并在医药、化工、洗涤等行业有广泛用途，在食品领域主要用作酸味剂和调味剂。

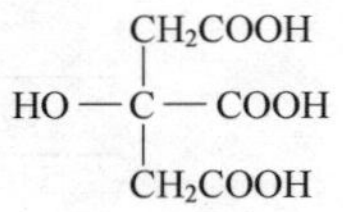

4. 苯甲酸

图 2-4　柠檬酸结构式

苯甲酸，化学式为 $C_7H_6O_2$，是一种芳香酸类有机化合物，也是最简单的芳香酸。外观为白色针状或鳞片状结晶，100℃ 以上时会升华。苯甲酸是我国目前最常用的食品防腐剂，主要用来防止由微生物的活动而引起的食品变质。根据卫生部调查统计，食品中危害最大的是微生物污染和营养不均衡，其危害要比滥用食品添加剂的危害大 10 万倍，所以食品防腐剂是许多食品不可缺少的合法添加剂，是食品卫生安全的卫士。当然对于苯甲酸的使用应在国家规定的标准内，以防对人体带来危害。

二、生活中常用的碱

1. 氢氧化钙

氢氧化钙，化学式为 $Ca(OH)_2$，俗称熟石灰或消石灰，是一种白色粉末状固体，微溶于水。加入水后分上下两层，上层水溶液称为澄清石灰水，下层浑浊液称为石灰乳或石灰浆。上层清液可以检验二氧化碳，下浑浊液体石灰乳是一种常用的建筑材料。氢氧化钙是一种中强碱，具有杀菌与防腐能力，对皮肤、织物有腐蚀作用。农业上用它降低土壤酸性，改良土壤结构。

知识拓展　农药波尔多液的诞生

法国的波尔多盛产葡萄，所以"波尔多葡萄酒"驰名天下。但在 1878 年，名为"霉叶病"的植物病害狂扫波尔多城，许多葡萄园很快变得枝叶凋零，面临危机。园主们心急如焚，却无计可施。

一位细心的大学植物学教授米拉德却发现了怪事，公路旁的葡萄树郁郁葱葱，丝毫未受到霉叶病的伤害。经过观察发现这些葡萄树从叶到茎都被洒了一些蓝白相间的东西，经打听，才知是园主为防馋嘴的过路人偷吃而洒的"毒药"，该"毒药"由熟石灰与硫酸铜溶液混合配制而成。米拉德通过试验，发现这的确是对付霉叶病的好农药，所以在 1885 年将他的发现公之于众，并推荐使用波尔多液来对抗"霉叶病"。从此，波尔多地区又变成了"葡萄园世界"。同时这种农药以"波尔多液"命名，广泛流传于世。

波尔多液本身并没有杀菌作用，当它喷洒在植物表面时，由于其黏着性而被吸附在作物表面。而植物在新陈代谢过程中会分泌出酸性液体，加上细菌在入侵植物细胞时分泌的酸性物质，使波尔多液中少量的碱式硫酸铜转化为可溶的硫酸铜，从而产生少量铜离子（Cu^{2+}），Cu^{2+}进入病菌细胞后，使细胞中的蛋白质凝固。同时Cu^{2+}还能破坏其细胞中某种酶，因而使细菌体中代谢作用不能正常进行。在这两种作用的影响下，即能使细菌中毒死亡。

2. 氢氧化钠

氢氧化钠为白色固体，极易溶于水，溶解时放出大量的热，其水溶液是无色透明的液体。氢氧化钠固体在空气中容易吸收水分而潮解，因此氢氧化钠固体可以作干燥剂。氢氧化钠的碱性很强，腐蚀性强，俗称烧碱、火碱或苛性钠。它是一种重要的化工原料，广泛应用于肥皂、石油、造纸、纺织、印染等工业。使用氢氧化钠时应作好防护。

氢氧化钠溶于水时产生很高的热量，使用时要戴防护目镜及橡胶手套，注意不要溅到皮肤上或眼睛里。若不慎触及皮肤和眼睛，应立即用流动清水或生理盐水冲洗，或用 3%硼酸溶液冲洗，严重者应迅速就医。

3. 氨水

氨水指氨的水溶液，有强烈刺鼻气味，是一种无色液体肥料，有碱的通性。氨水有一定的腐蚀作用，属于危险化学品。由于氨水具有挥发性和不稳定性，故氨水应密封保存在棕色或深色试剂瓶中,并放在冷暗处。在化学工业中用于制造各种铵盐、有机合成的胺化剂、生产热固性酚醛树脂的催化剂等。在毛纺、丝绸、印染等纺织行业,用作洗涤羊毛、呢绒、坯布油污和助染、调整酸碱度等。在农业上,大量用于制尿素、铵态氮肥等农业肥料。医药上用稀氨水对呼吸和循环起反射性刺激,医治晕倒和昏厥,并作皮肤刺激药和消毒药。

三、食物的酸碱性

食物的酸碱性是根据食物完全燃烧后剩余灰分的化学性质而定的。如果食物灰分中含磷、硫、氯元素较多,溶于水之后使溶液呈酸性,这样的食物为酸性食物。常见的酸性食物有:猪肉、牛肉、鸡肉、鸭肉、鱼类、奶酪、奶油、各种畜禽类、各种蛋及蛋制品、大米、面粉、酒类、甜食类等。

如果食物灰分中含有的钾、钠、钙、镁较多,其水溶液呈现明显的碱性,这样的食物为碱性食物。常见的碱性食品有:蔬菜、水果、豆类及其制品,其中包括杏仁、椰子、海带、柠檬、洋葱、豆腐等。

这样的分类是用来区分食物的化学组成,跟人体的酸碱性没有任何关系。食物进入人体后经过消化吸收等一系列复杂的代谢过程形成的代谢产物有酸性的,有碱性的,也有中性的。而人体的酸碱性受更多综合因素影响,有着一套完整的缓冲系统和调节系统,不是简单地取决于食物的酸碱度。人体具有自我调节酸碱平衡的能力,血液的酸碱度也是各种代谢产物综合平衡的结果。靠食物的酸碱性很难改变人体的酸碱平衡,《中国居民膳食指南》强调食物多样化和平衡膳食,不偏食,不挑食,荤素搭配,享受美食的同时获得丰富全面而合理的营养。常见酸性和碱性食物如表2-2所示。

表2-2 常见酸性和碱性食物

食物		具体内容
酸性食物	酸性元素	C、N、S等
	强酸性食物	蛋黄、乳酪、甜点、白糖、金枪鱼、比目鱼等
	中酸性食物	培根、鸡肉、猪肉、鳗鱼、牛肉、面包、小麦等
	弱酸性食物	白米、花生、啤酒、海苔、章鱼、巧克力、空心粉、葱等
碱性食物	碱性元素	Na、Mg、K、Ca等
	强碱性食物	葡萄、茶叶、葡萄酒、海带、柑橘类、柿子、黄瓜、胡萝卜等
	中碱性食物	大豆、番茄、香蕉、草莓、蛋白、梅干、柠檬、菠菜等
	弱碱性食物	红豆、苹果、甘蓝菜、豆腐、卷心菜、油菜、梨、马铃薯等

四、生活中常用的无机盐

无机盐是存在于人体内和食物中的矿物质营养素,大多数无机盐以离子形式存在。人体已发现有 20 余种必需的无机盐，约占人体重量的 4%～5%。其中含量较多的（>5g）为钙、磷、钾、钠、氯、镁、硫七种，每天膳食需要量都在 100mg 以上，称为常量元素。随着近代分析技术的进步，利用原子吸收光谱等分析手段，发现了铁、碘、铜、锌、锰、钴、钼、硒、铬、镍、硅、氟、钒等含量较低的元素，也是人体必需的，每天膳食需要量甚微，称为微量元素。

钠是组成食盐的主要成分。我国营养学会推荐 18 岁以上成年人的钠每天适宜摄入量为 2.2g，老年人饮食应清淡。钠普遍存在于各种食物中，人体钠的主要来源为食盐、酱油、腌制食品、烟熏食品、咸味食品等。

钙是骨骼、牙齿的重要组成部分，起支持和保护作用。人体内含钙量约为 1000～1200g，其中大约 99%的钙以磷酸盐的形式集中在骨骼和牙齿内，统称为"骨钙"。缺钙可导致软骨病、骨质疏松症等，严重者可导致抽搐症状。我国营养学会推荐 18～50 岁成年人的钙每天适宜摄入量为 800mg；50 岁以上的中老年人为 1000mg。常见含钙丰富的食物有牛奶、酸奶、燕麦片、海参、虾皮、小麦、大豆粉、豆制品、金针菜等。

镁是维持骨细胞结构和功能所必需的元素。1934 年首次发现人类的镁缺乏病，才认识到镁是人类生存不可缺少的元素。缺镁可导致神经紧张、情绪不稳、肌肉震颤等。我国营养学会推荐 18 岁以上成年人的镁每天适宜摄入量为 350mg。常见含镁丰富的食物是新鲜绿叶蔬菜、坚果、粗粮。

虽然无机盐在人体中的含量很低，但是作用非常大，所以要注意饮食多样化，少吃动物脂肪，多吃糙米、玉米等粗粮，来维持体内无机盐的正常水平。

第三节 构成生物体的基础有机化合物

一、生物体的基础能源——糖类

糖类是自然界中广泛分布的一类重要的有机化合物。日常食用的蔗糖、粮食中的淀粉、植物体中的纤维素、人体血液中的葡萄糖等均属糖类。

糖类化合物主要由碳、氢、氧三种元素组成，在化学式的表现上类似于"碳"与"水"聚合，故又称之为碳水化合物。从化学结构上看，糖是多羟基醛或多羟基酮，以及水解后能生成多羟基醛或多羟基酮的一类有机化合物。醛糖、酮糖的结构式如图 2-5 所示。

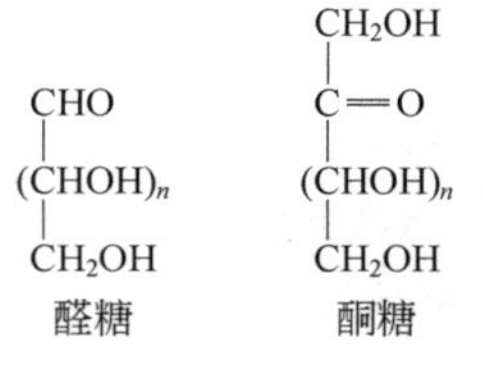

图 2-5 醛糖、酮糖的结构式

从水解情况看，糖可分为单糖、寡糖和多糖。单糖是简单的糖，它不能再被水解成更小的糖分子，如葡萄糖、果糖等；寡糖又称为低聚糖，是由2～10个单糖分子脱水缩聚而成，其中以二糖最为重要，如麦芽糖、乳糖、蔗糖等；多糖又称为高聚糖，是指含有十个以上甚至几百、几千个单糖单位的碳水化合物，如淀粉、纤维素、壳聚糖等。

1. 葡萄糖

葡萄糖为无色晶体，甜度约为蔗糖的70%，易溶于水，微溶于乙酸，不溶于乙醇和乙醚。葡萄糖是自然界分布最广的己醛糖，是组成蔗糖、麦芽糖、淀粉、糖原、纤维素等糖的基本单位。它广泛存在于蜂蜜和植物的种子、茎、叶、根、花及果实中。在动物和人体内也含有葡萄糖，人体血液中的葡萄糖叫血糖。葡萄糖是人体代谢不可或缺的营养物质，同时也是人体能量的重要来源。葡萄糖在医药上用作营养剂，并有强心、利尿、解毒等作用。

2. 蔗糖

蔗糖（图2-6）是生活中最主要的甜味剂，易溶于水，微溶于醇，它是从甘蔗中提取出的一种天然糖分，生活中人们常吃的糖大多是以蔗糖为主要原料加工而成的。蔗糖一般分为白砂糖、黄砂糖、赤砂糖、绵白糖、单晶体冰糖、多晶体冰糖、红糖、黑糖、冰片糖、方糖、糖霜、液体糖浆等，其中纯度最高的是单晶体冰糖，而使用最广泛的是白砂糖，蔗糖广泛应用于食品行业和医药行业。

蔗糖进入人体以后很容易被吸收、利用，并很快转化成能量，从而缓解身体疲劳；另外蔗糖还能清热去火，平时食用可以预防多种上火症状的发生。蔗糖虽然营养价值很高，但是患有高血糖和糖尿病的人群不能食用。

图2-6 蔗糖

红糖与黑糖的区别

红糖是甘蔗经榨汁、浓缩形成的蔗糖。因没有经过高度精炼，几乎含有蔗汁中的全部成分，除了具备糖的功能外，还含有维生素与微量元素，如铁、锌、锰、铬等。红糖具有益气、助脾化食、补血化瘀等功效，还兼具散寒止痛作用，所以女性因受寒体虚所致的痛经等症或是产后喝红糖水往往效果显著。

黑糖（图 2-7）是一种没有经过高度精炼的颜色比较深的带焦香味的蔗糖，甘蔗中多酚类物质含铁元素，颜色偏深近似黑色，故被称为黑糖。黑糖中蕴含着大量的营养物质，对肌肤的健康、营养有着独特的功效。黑糖可加速皮肤细胞的代谢，为细胞提供能量，补充营养，促进再生。黑糖中含独特的天然酸类和色素调节物质，可有效调节各种色素代谢过程，平衡皮肤内色素分泌数量和色素分布，减少局部色素的异常堆积。

图 2-7　黑糖

3. 麦芽糖

麦芽糖是无色晶体，如图 2-8 所示，通常含一分子结晶水，熔点 102℃，易溶于水，甜度为蔗糖的 40%。传统的麦芽糖由小麦和糯米制成，香甜可口，营养丰富，具有排毒养颜、补脾益气、润肺止咳等功效，是老少皆宜的食品。但要注意的是，儿童脏腑充而不盛，还没有发育完全，又因"肝常有余，脾常不足"，所以他们常常因肝脾不和而生病，麦芽糖本身含较多糖分，儿童消化能力差，因此不建议过多食用。

图 2-8　麦芽糖

麦芽糖可制备成麦芽糖浆，其用途广泛，用于食品行业的各个领域，如固体食品、液体食品、冷冻食品、胶体食品（如果冻）等，主要用于加工焦糖酱色及糖果、果汁饮料、

生活中的化学

造酒、罐头、豆酱、酱油等。

4．淀粉

淀粉是绿色植物光合作用的产物，是植物储存营养物质的一种形式，也是人类最主要的食物。淀粉广泛存在于植物的种子、块根、块茎等部位，如图 2-9 所示，大米中含淀粉 62%～86%，小麦中含淀粉 65%～75%，玉米中含淀粉 65%～72%。

图 2-9　含淀粉的种子、块根

在日常生活中，淀粉主要用于勾芡，即在菜肴出锅前加入适量的水淀粉，固定汤汁，改善菜肴的感官质量和口感；还可以利用淀粉作为配料或主料制作各种粉肠、灌肚、凉粉、粉皮、粉丝、火腿肠等食品。

淀粉中的直链淀粉又称可溶性淀粉，不易溶于冷水，但能溶于热水而不成糊状，形成透明的胶体溶液。直链淀粉存在于淀粉的内层，其含量影响淀粉颗粒度。直链淀粉的形状不是伸展状态的直链，而是在分子内氢键的作用下，有规律地卷曲成螺旋状，如图 2-10 所示。直链淀粉遇碘变蓝，淀粉-碘包合物见图 2-10，加热蓝色即消失，冷却又复出现，这个反应非常灵敏，可以定性鉴定淀粉。

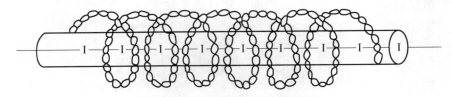

图 2-10　淀粉-碘包合物

淀粉在酸或酶的作用下，逐步水解成一系列产物，最后得到葡萄糖。淀粉在人体内的消化吸收就是类似的过程，最终生成的葡萄糖经过小肠肠壁吸收，进入血液，供给人体营养需要。

二、生物体的重要能源——油脂

油脂是油和脂肪的统称。常温下液态称为油，一般为植物油；常温下固态称为脂肪，一般为动物脂肪。自然界中的油脂是多种物质的混合物，其主要成分是一分子甘油与三分子高级脂肪酸脱水形成的酯，称为甘油三酯。

油脂分布十分广泛，各种植物的种子、动物的组织和器官中都存在一定数量的油脂，特别是油料作物的种子（如花生、大豆、坚果等）和动物皮下的脂肪组织，油脂含量丰富。人体中的脂肪约占体重的 10%～20%。

油脂的主要生理功能是储存和供应热能，在代谢中可以提供能量。1g 油脂在完全氧化（生成二氧化碳和水）时，放出热量约 39kJ，大约是糖或蛋白质的 2 倍。成人每日需进食 50～60g 脂肪，可提供日需热量的 20%～25%。当人进食量小，摄入食物的能量不足以提供机体消耗的能量时，人体就会通过消耗脂肪以提供能量，此时人就会消瘦。

植物油主要应用于面点、速冻食品、方便食品、糕点、糖果、巧克力、饼干、含乳饮料、沙拉酱以及熟肉制品等的加工，也可作为润滑剂和护手剂使用。动物脂肪主要供食用，如猪脂、牛脂、羊脂等，也广泛应用于制造硬化油、肥皂、甘油、润滑油和制革工业及药品。

油脂在运输、储存期间由于保管不当，受光、温度、空气、水分等影响，容易氧化酸败，产生过氧化物、自由基、醛和酮等有损人体健康的物质，人们食用酸败油脂，可导致多种疾病的发生，如过氧化物和自由基会破坏人体内的一些酶系统损伤心肌。油脂生产厂家主要通过添加抗氧化剂来保证油脂品质，如茶多酚棕榈酸酯食品添加剂。茶多酚棕榈酸酯是一种安全无毒的食品抗氧化剂，而且具有很好的保健功能。

知识拓展：热锅凉油法与热锅热油法

烹调用的油大多为动物油和植物油，它们都是由甘油和脂肪酸形成。炒菜时油温不宜升得太高，一旦超过 180℃，油脂就会发生分解或聚合反应。当油温高达 200℃以上时，其中的甘油就会分解，产生丙烯醛气体（油烟的主要成分）。丙烯醛是对人体眼睛、呼吸道和消化道有害的刺激性物质，能引起流泪、呛咳、厌食、头晕等症状。同时由于丙烯醛的生成，还会使油产生大量的过氧化物（致癌物质）。因此，炒菜时应将油烧到八成热为宜。

热锅凉油法：将锅擦干擦净，放入适量油烧热，然后将热油在锅内涮一下倒出，再放入适量温油或冷油，立即投入原料。炒鸡蛋比较适合用这种方法，因为鸡蛋本身就含有丰富的蛋白质，遇热后有瞬间的缓冲，我们可利用这一瞬间，迅速将鸡蛋炒散，这样炒出来的鸡蛋滑嫩绵软，还不粘锅底。

热锅热油法：热锅下油，适合爆炒，此时的锅内温度极高，适合炒一些快熟食材，也能快速锁住水分。例如青菜，青菜本身不适合长时间的高温，不然会流失水分，比较适合用热锅热油的方法。该法的缺点是油烟会比较大。用热锅热油法烹制菜肴，一定不要让油温过高，否则造成烹调失败。

有时也可以不烧热锅，直接将冷油和食物同时炒，如油炸花生米，这样炸出来的花生米更松脆、香酥，避免外焦内生。用麻油或炒熟的植物油凉拌菜时，可在凉菜拌好后再加油，更清香可口。

三、构成生物体的物质基础——蛋白质

蛋白质是由 20 种 α-氨基酸组成的复杂分子，属于高分子有机化合物，结构复杂，种类繁多，但其水解的最终产物都是氨基酸（结构式如图 2-11 所示）。因此，把氨基酸称为蛋白质结构的基本单位。

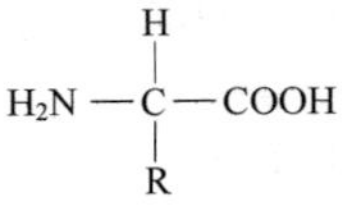

图 2-11　氨基酸分子的结构式

蛋白质是一切生命的物质基础，是组成细胞和机体的基本成分，是人体组织更新和修补的主要原料，没有蛋白质就没有生命。正常成年人体内蛋白质的含量约为 16%～20%，大约占整个人体重量的 1/5，仅次于水分。蛋白质用来制造肌肉、血液、皮肤和许多其他的身体器官。其中大部分分布在皮肤和骨骼肌中（约占 80%），其次分布在血液、软组织、骨骼、牙齿中。体内的蛋白质处于不断地分解和合成的动态平衡中，以达到组织蛋白质不断更新和修复。肠道和骨髓内的蛋白质更新速度更快，每天约有 3% 的蛋白质被更新，也就是说，几乎一个月的时间里全身的蛋白质都换了一遍。正是蛋白质的这种不断合成、分解的对立统一过程，推动生命活动，调节机体正常生理功能，保证机体的生长、发育、繁殖及修补损伤的组织。

1. 蛋白质的化学组成

蛋白质的元素组成除含有碳、氢、氧外，还有氮和少量的硫。有些蛋白质还含有一些微量元素，主要是磷、铁、铜、锌和钼等。这些元素在蛋白质中的百分含量约为 C 50%、H 7%、O 23%、N 16%、S 0～3% 及其他。

蛋白质的平均含氮量为 16%，这是蛋白质元素组成的一个特点，也是凯氏定氮法测定蛋白质含量的基础，即用定氮法测得的含氮量乘以 6.25，即可算出样品中蛋白质的含量。

2. 蛋白质生物学功能的多样性

蛋白质具有多种生物学功能，蛋白质功能的多样性是由蛋白质种类的多样性决定的，而蛋白质种类的多样性是由于组成蛋白质的 20 种氨基酸在肽链中的排列顺序不同所引起的。据估计生物界蛋白质的种类在 10^{10}～10^{12} 数量级。蛋白质的结构与生物体生命活动有极为密切的关系，不同结构的蛋白质，具有不同的生物学功能，许多重要的生命现象和生理活动往往都是通过蛋白质来实现的。

（1）生物催化作用　酶是有机体新陈代谢的催化剂，几乎所有的酶都是蛋白质。生物体内的各种化学反应几乎都是在相应的酶参与下进行的。例如淀粉酶催化淀粉的水解，尿酶催化尿素分解为二氧化碳和氮。葡萄糖分解为二氧化碳和水则是在数十种酶的催化下完成的。没有酶的催化，生物体内的所有生物化学反应和新陈代谢都将无法进行。

（2）免疫保护作用　高等动物的免疫反应是有机体的一种防御功能，免疫反应主要也是通过蛋白质来实现的，这类蛋白质称为抗体或免疫球蛋白。抗体是在外来的蛋白质或其他的高分子化合物即所谓的抗原的影响下产生的，并能与相应的抗原结合而排除外来物质对有机体的不利影响。

（3）物质运输与储藏作用　某些蛋白质具有运输的功能。脊椎动物红细胞里的血红蛋白和无脊椎动物中的血蓝蛋白在呼吸过程中起着输送氧气的作用；生物氧化过程中某些色素蛋白如细胞色素 C 起着电子传递体的作用。有的蛋白质有储藏氨基酸的功能，用作有机体及其胚胎或幼体生长发育的原料，如蛋类中的卵清蛋白、母乳和动物奶中的酪蛋白、小麦种子中的麦醇溶蛋白等。

3. 蛋白质的需要量

蛋白质的供给量与膳食蛋白质的质量有关。如果蛋白质主要来自奶、蛋等食品，则成年人不分男女均为每日每千克体重 0.75g。中国膳食以植物性食物为主，蛋白质质量较差，供给量需要定为每日每千克体重 1.0～1.2g。蛋白质供给量也可用占总能量摄入的百分比来表示。在能量摄入得到满足的情况下，由蛋白质提供的能量对于成年人应占总能量的 10%～12%，对于生长发育中的青少年则应占 14%。

4. 蛋白质的食物来源

蛋白质的食物来源可分为动物性蛋白质和植物性蛋白质两大类。

（1）动物性蛋白质　动物性蛋白质主要来源于鸡肉、鸡蛋、牛奶、鱼类、猪肉、牛肉、虾等动物。在所有的动物性蛋白质中，蛋白质含量最多也最优质的就是牛奶和鸡蛋。每 100g 鸡蛋就可以供给 13.3g 优质蛋白质，鸡蛋蛋白质的氨基酸组成与人体蛋白质氨基酸模式最为接近，是优质蛋白质的重要来源。一个中等大小的鸡蛋与 200mL 牛奶的营养价值相当。

人体对蛋白质的需要不仅取决于蛋白质的含量，而且还取决于蛋白质中所含必需氨基酸的种类及比例。由于动物性蛋白质所含氨基酸的种类和比例基本符合人体需要，所以动物性蛋白质比植物性蛋白质营养价值高。

（2）植物性蛋白质　植物性蛋白质主要来源于谷类、豆类（特别是大豆）、坚果等，由于谷类是人们的主食，所以是膳食蛋白质的主要来源；大豆含蛋白质高达 36%～40%，氨基酸组成也比较合理，吸收率非常高，是日常蛋白质食物摄取的最佳来源之一。

常见食物蛋白质含量如表 2-3 所示。

表 2-3　常见食物蛋白质含量（每 100g 中）

食物	含量/g	食物	含量/g	食物	含量/g
牛奶	3.0	大米	7.4	大白菜	1.7
鸡蛋	12.3	小米	9.0	油菜	1.8
瘦猪肉	14.6	标准粉	11.2	菠菜	2.6
瘦牛肉	20.2	玉米	8.7	马铃薯	2.0

食物	含量/g	食物	含量/g	食物	含量/g
羊肉	17.1	大豆	35.1	苹果	0.5
草鱼	16.1	花生仁	25.0	鸭梨	0.2

四、调节器官机能的微量物质——维生素

在 20 世纪，科学家发现只用含糖类、脂肪、蛋白质和水的饲料喂养，实验动物不能存活。但如果在饲料中加入极微量的牛奶后，动物正常生长。科学家反复实验后认为，动物膳食中除含糖类、脂肪、蛋白质和水外，还必须含有微量维生素、矿物质等。维生素是参与生物生长发育和代谢所必需的一类微量有机物质，这类物质体内需要量很少，每日仅以毫克或微克计算，但是由于体内不能合成或者合成量不足，所以必须由食物供给。

维生素都是小分子有机化合物，在结构上无同性，通常根据其溶解性质分为脂溶性和水溶性两大类（见表 2-4）。

表 2-4 维生素分类

分类	种类	来源	缺乏症
脂溶性维生素	维生素 A	蛋黄、肝、鱼肝油、奶汁、胡萝卜等	夜盲症、皮肤干燥等
	维生素 D	鱼肝油、肝、蛋黄、日光照射	佝偻病、软骨病等
	维生素 E	菠菜、芒果、猕猴桃、大豆、西兰花、葵花子等	新生儿溶血性贫血等
	维生素 K	菠菜等绿叶蔬菜及奶酪、动物肝脏等	凝血功能障碍等
水溶性维生素	维生素 B_1	豆、瘦肉、谷类外皮等	脚气病、多发性神经炎等
	维生素 B_2	蛋黄、绿叶蔬菜等	口角炎、舌炎、皮炎等
	维生素 C	新鲜水果、蔬菜等	坏血病等

1. 维生素 C

维生素 C，又称 L-抗坏血酸，为白色结晶或结晶性粉末，无臭，味酸，久置渐变微黄。维生素 C 是一种多羟基有机化合物，化学式为 $C_6H_8O_6$，结构式如图 2-12 所示，易溶于水，其烯醇式羟基极易解离出 H^+，故具有酸的性质。维生素 C 具有很强的还原性，很容易被氧化成脱氢维生素 C，但其反应是可逆的，并且抗坏血酸和脱氢抗坏血酸具有同样的生理功能。

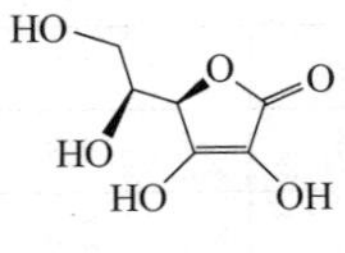

大剂量的维生素 C（0.5～1.0g）能有效帮助合成抗体，激活白细胞，全面增强人体的抵抗力。此外，维生素 C 具有抗氧化作用，

图 2-12 维生素 C 结构式

当患伤风感冒时,中性白细胞会释出大量氧自由基及氧化性物质,从而引起相关病症,而白细胞内的维生素 C 则能阻止这些有毒物质跑到白细胞之外。感冒时白细胞内的维生素 C 浓度会大量降低,如果补充大剂量维生素 C(每天 1.0~6.0g),则能维持白细胞内维生素 C 的农度,减轻症状。

2. 维生素 D

维生素 D 是无色晶体,易溶于有机溶剂中,化学性质稳定,在中性和碱性溶液中耐热,不易被氧化,但在酸性溶液中则逐渐分解。

维生素 D 的主要作用是调节钙、磷代谢,促进肠内钙、磷吸收和骨质钙化,维持血钙和血磷的平衡。具有活性的维生素 D 作用于小肠黏膜细胞的细胞核,促进运钙蛋白的生物合成。运钙蛋白和钙结合成可溶性复合物,从而加速了钙的吸收。维生素 D 促进磷的吸收,可能是通过促进钙的吸收间接产生作用的。因此,活性维生素 D 对钙、磷代谢的总效果为升高血钙和血磷,使血浆钙和血浆磷的水平达到饱和程度,有利于钙和磷以骨盐的形式沉积在骨组织上促进骨组织钙化,防止佝偻病。此外维生素 D 还有促进皮肤细胞生长、分化及调节免疫功能作用。

一般成年人经常接触日光不致发生缺乏病,婴幼儿、孕妇、乳母及不常到户外活动的老人要增加维生素 D 供给量到每日 10μg(相当于 400 国际单位)。食物来源以含脂肪高的海鱼、动物肝、蛋黄、奶油相对较多,鱼肝油中含量高。

维生素 D 水溶液中由于有溶解氧而不稳定,双键还原后使其生物效应明显降低。因此,维生素 D 一般应存于无光、无酸、无氧或氮气的低温环境中。

知识拓展:维生素的由来

维生素学说是由英国生物化学家霍普金斯创立的。1912 年,霍普金斯在使用人工合成饲料喂养动物时,发现食用高度精制单调饲料的动物,即使食入量超过标准,其生长速度也很慢,而食用复合饲料的动物,生长速度反而很快。通过分析发现,在酵母汁、肉汁中都含有动物生长和代谢所必需的微量有机物,与脂肪、蛋白质、糖类、无机盐及水同等重要,是维持生命不可缺少的微量物质,故命名为维他命,又称维生素。从此,他解开了因缺少这一微量物质而引起的脚气病之谜,并为脚气病的治疗找到了一条正确途径。

1911 年,波兰生物化学家芬克制出了治疗脚气病的物质,并证实该物质属于化学物质中的胺类(amine),而且是维持人类生命(vita)的绝对必需品。这两个英文单词联起来便衍生出 vitamine。1920 年对维生素统一命名时,将 vitamine 一词中的词尾"e"去掉,表示没有化学上的关系,称为"vitamin",中文译为"维他命",后又改为"维生素",这一名称现已固定下来。

由于这一重要发现,1929 年霍普金斯与荷兰细菌学家叶克曼获得诺贝尔生理学与医学奖。

第四节 人体中的化学

一、人体中的胃酸

胃酸指胃液中分泌的盐酸。人胃持续分泌胃酸，其基础的排出率约为最大排出率的10%，且呈昼夜变化，入睡后几小时达高峰，清晨醒来之前最低。当食物进入胃中时，胃酸即开始分泌。胃在排空时 pH 值约在 7.0～7.2，当食物进入胃中时，pH 值可降达 2～3 之间。胃酸的量不能过多或过少，必须控制在一定的范围内。

当胃酸过多时会出现"咯酸水""烧心""胃部隐隐作痛"等病态症状，严重的会降低食欲，消化不良，进而引发胃溃疡等多种形式的胃病，而且高胃酸可以影响血小板的聚集和凝血因子活性，使血液不容易凝固，导致出血和再出血。胃酸过多常见于十二指肠溃疡、胃泌素瘤、慢性胃炎、急性胃炎、反流性食管炎、胆囊炎等。

胃酸过少，即胃中缺少盐酸，也就是胃液分泌不足，无力担负起消化与防腐制酵的工作，影响消化吸收功能，容易患肠胃病，还会导致营养物质消化和吸收困难。许多矿物质和维生素需要足够浓度的胃酸才能最好地吸收，如铁、锌和 B 族维生素。胃酸过少或缺乏，细菌容易在胃内繁殖，主要症状为胃消化不良、打嗝及胸口烧痛等症状。胃液中胃酸浓度低，可能是恶性贫血、热带脂肪泻、慢性胃炎引起的。

二、汗水的秘密

炎炎夏日，出汗是身体进行自我调节的方法，汗水的最大作用是防止体温的上升。汗的成分中 99%是水，其余成分为盐分（每 100mL 汗氯化钠约为 300mg）和微量的矿物质、尿素、乳酸、脂肪酸等。

1. 小汗腺

调节体温的汗是由小汗腺分泌出来的。小汗腺是一端闭合的管状器官。开口的一侧是出汗口，它位于皮肤的表面。汗管延伸至表皮下方数毫米处，像线团缠绕一样，曲折成球状。曲折成球状的部分直径约有 0.5mm。

小汗腺几乎分布在全身，每个人大约有 200 万～500 万个小汗腺。手心、脚底、额头分布较多，在这些地方 $1cm^2$ 有 300 个以上的小汗腺。一个小汗腺的出汗量虽然每小时只有千分之一毫升那么少，但因为汗腺的数量很多，所以能够排出大量的汗水。

2. 汗水的作用

人类的体温大多保持在37℃左右，如果体温升高，特别是超过42℃，体内一种叫作"酶"的物质就会被破坏。酶如果被破坏了，细胞就无法正常活动，尤其是脑神经细胞，特别不耐热。中暑时，脑部温度升高，大脑就会像电脑一样死机，无法正常工作了，甚至会引起意识障碍。

出汗分为主动和被动两种。被动出汗是指由于天气闷热、心情烦躁而形成出汗，这种出汗方式是人体通过水分蒸发带走体内热量，保持体温在正常范围内的生理活动。相反，人体主动运动而出的汗被称为主动出汗，它有利于保持人体内的温度，散发热量，作用同被动出汗相同，同时能带走少量人体因运动而产生的体内垃圾。高温天气里进行剧烈运动所流出的汗液重量会占到体重的2%～6%。对于一个体重68kg的成年人来说，相当于流出了4kg的汗水。美国运动医学会建议流失1kg重的汗液需要补水约1L，这样可有效防止中暑和脱水现象。

三、苯乙胺和多巴胺

1. 苯乙胺

早在20世纪初，科学家通过人体解剖发现，当人的情绪发生变化时，人类大脑中的间脑底部会分泌一系列化合物如苯乙胺、内啡肽等，科学家称之为"情绪激素"。苯乙胺（PEA）是一种芳香胺，其结构式见图2-13，在室温时是无色液体，熔点-60℃，沸点198℃，易溶于醇、醚，溶于水，有鱼腥臭味。苯乙胺，又名 β-苯乙胺、2-苯乙胺，是一种生物碱与单胺类神经递质，可以提升细胞外液中多巴胺的水平，同时抑制多巴胺神经活化，治疗抑郁症。

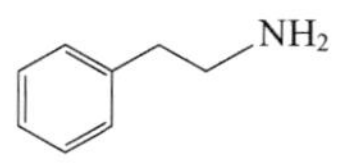

图2-13 苯乙胺结构式

苯乙胺是天然化合物，存在于多种食物中，如巧克力等食品就含有苯乙胺盐酸盐。有人认为来自食物的苯乙胺有足够的用量时会产生精神上的作用，然而，体内的苯乙胺很快就被酵素单胺氧化酶所代谢，防止其有效地集中到达脑部。

2. 多巴胺

多巴胺，学名为3-羟酪胺、3,4-二羟苯乙胺，其结构式见图2-14，是内源性含氮有机化合物，又名儿茶酚乙胺或羟酪胺，是儿茶酚胺类的一种，分子式为 $C_8H_{11}NO_2$。多巴胺是大脑中含量最丰富的儿茶酚胺类神经递质，作为神经递质调控中枢神经系统的多种生理功能。多巴胺系统调节障碍涉及帕金森病、精神分裂征、Tourette 综合征、注意力缺陷多动

生活中的化学

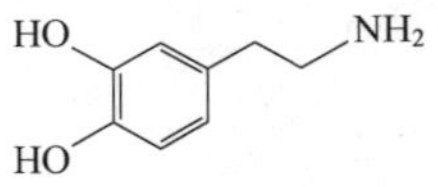

图 2-14　多巴胺结构式

综合征和垂体肿瘤的发生等。

多巴胺是一种神经传导物质，是用来帮助细胞传送脉冲的化学物质。这种脑内分泌物和人的情欲、感觉有关，它传递兴奋及开心的信息。阿尔维德·卡尔森确定多巴胺为脑内信息传递者的角色，为此他获得了 2000 年诺贝尔医学奖。

思考题

1. 人体缺少必需的微量元素会得病，因此有人认为应该尽可能多吃含有这些元素的微量补剂，你认为这种想法对吗？为什么？
2. 从化学角度解释为什么吃糖后不刷牙容易形成蛀牙。
3. 高温作业出汗多，可能体内缺乏盐分，出现肌肉痉挛现象，要及时喝些淡盐水，为什么？

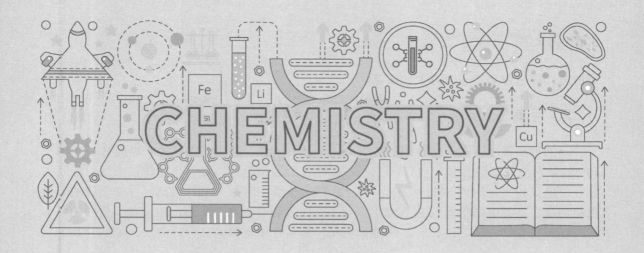

第三章
饮食与化学

人们生活中所需的营养物质主要来自日常饮食,人们通过食物的摄取来满足人体新陈代谢的需要,从而使人体处于健康状态。食物在进入我们的身体里后,每一秒钟都有成千上万的化学反应发生,每一秒钟都有细胞在衰竭死亡,又有新的细胞在诞生、成熟,以致生命得以延续。你知道的食物中的化学知识有多少?

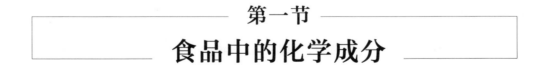

第一节
食品中的化学成分

人类为了生存,除了需要阳光、空气和水以外,还必须摄取食物。食物能够提供身体所需要的许多营养物质,其中蕴含着许多有趣的化学知识。

食物中含有的主要营养素都是什么化学物质呢?

1. 谷类

主食类食物如米、麦、高粱、玉米等,除含有丰富的糖外,还含有蛋白质、B 族维生素和钙、磷、铁等无机盐。如果粮食加工过细,就容易失去这些营养素。长期单一食用精米白面，往往容易造成营养素的缺乏。

2. 豆类

豆的种类很多，人们常食用的有大豆、蚕豆、豌豆、绿豆、赤豆等。豆类含有20%～40%的蛋白质，脂肪含量为15%～20%，可作食用油脂原料。豆类含糖量以蚕豆、赤豆、绿豆、豌豆较高，约为50%～60%，大豆含糖量较少，约为25%。因此，豆类供给的热量也相当高。豆类中维生素以B族维生素最多，比谷类含量高。此外，还含有少量的胡萝卜素。豆类富含钙、磷、铁、钾、镁等无机盐，是膳食中难得的高钾、高镁、低钠食品。

3. 蔬菜

蔬菜因构造各异，营养成分也各有不同，一般可分为以下几类：

（1）叶菜类　以叶作为烹调原料的蔬菜。常见的有大白菜、小白菜、菠菜、油菜、韭菜、雪里蕻、香椿、茴香、豆苗等。叶菜含大量的叶绿素、维生素和无机盐类，但蛋白质、脂肪和糖的含量较少。叶菜与谷类、动物性食物掺杂食用，可互相补偿营养成分，促进消化。

（2）根茎类　以地下肥嫩的变态茎作为烹调原料的蔬菜。常见的有莴苣、马铃薯、竹笋、藕、葱头、大葱、大蒜、姜、白萝卜、胡萝卜、山药等。根茎类蔬菜大都含有淀粉，有些还含有挥发芳香油，具有鲜美辣味，如葱、蒜、姜等，还可作调料。

（3）花菜类　以花作为烹调原料的蔬菜。花菜品种不多，常见的有黄花、韭菜花和菜花等。花是植物中最嫩的部分，所以容易消化，营养丰富。花菜中还含有丰富的维生素A、B族维生素、维生素C和多种无机盐。

（4）果菜类　以果实作为烹调原料的蔬菜。常见的有番茄、茄子、辣椒、黄瓜、冬瓜、南瓜等。果菜类含水分较多，营养成分各有不同，如番茄含有丰富的维生素A、B族维生素、维生素C，南瓜、茄子含有较多的维生素A，黄瓜含有丰富的维生素C。

4. 干果类

干果花生、核桃含有丰富的蛋白质、脂肪、B族维生素、无机盐、维生素C、铁和纤维素。

5. 肉类

在牛、羊、猪的瘦肉中，含有丰富的蛋白质、B族维生素和铁，营养价值很高，肥肉中含有丰富的脂肪。

6. 内脏类

内脏肝、肾（腰子）、胃（肚）、心、肠中含有蛋白质和铁，肝、肾中还含有维生素B_2

和碳水化合物。

7. 家禽类

鸡、鸭、鹅的肉比家畜肉柔嫩、味美、易消化，营养成分也比畜肉高，蛋白质含量特别丰富，食用后易于吸收。

8. 蛋类

蛋品是烹调中常用的原料，如鸡蛋、鸭蛋、鹅蛋等。蛋品营养丰富，最容易吸收，除含蛋白质、脂肪和多种重要维生素外，还含钙、铁、磷，蛋黄中还含有维生素 A、维生素 D 和维生素 B_2。

9. 鱼虾类

鱼虾中含有丰富的蛋白质，海产的鱼虾含碘更丰富，虾皮中含钙很多。

10. 乳类

乳品中含有蛋白质、无机盐等多种营养素，各种营养素的比例最适合人体的需要。下面我们重点来看看几种特色食物中的化学故事吧。

一、美味的豆腐

大豆种植起源于我国，豆腐等各种美食也是我国古代劳动人民的智慧结晶。传说豆腐是西汉淮南王刘安在炼丹时无意中发明的，正是这一无心之举带给了世人无尽的美味。古人炼丹其实已经蕴含了当今的众多化学反应，而豆腐的制作自然也饱含着化学奥秘。

制作豆腐的主要原料是黄豆，黄豆中蛋白质的含量在 40% 左右，而豆腐，正是通过一系列泡豆、磨浆、煮浆、点脑、蹲脑、压榨等工序把大豆中的水溶性蛋白质提取出来而得到的产物。看似简单，但要做出好的豆腐，保证好的口感，同时保证产品出品率，就需要充分了解豆腐的主要成分——蛋白质的特性。

蛋白质是由 20 多种氨基酸通过"脱水缩合"反应而构成的高分子化合物，每种蛋白质都有其独特的序列结构，在蛋白质的表面上带有自由的羧基和氨基。这些基团对水的作用，使蛋白质颗粒表面形成一层带有相同电荷的水膜的胶体物质，使颗粒相互隔离，不会因碰撞而黏结下沉，形成了胶体溶液（一种介于溶液和悬浊液、乳浊液之间的混合物）。要使胶体溶液变成豆腐，必须破坏这种胶体状态，也就是我们通常所说的点卤，从而使蛋白质发生凝聚而与水分离。酸、碱或盐都能破坏蛋白质的这种胶体状态，促使蛋白质达到等电点而聚集沉淀。制作豆腐常用盐卤（$MgCl_2$）、石膏（$CaSO_4$）等盐类物质来点卤利用的就是

生活中的化学

这个原理。

具体说来，盐卤（$MgCl_2$）、石膏（$CaSO_4$）的水溶液都属于电解质溶液，在水里会分成许多带电的小颗粒——正离子与负离子，由于这些离子的水化作用而夺取了蛋白质的水膜，从而导致没有足够的水来溶解蛋白质。另外，盐的正负离子抑制了由于蛋白质表面所带电荷而引起的斥力，这样使蛋白质的溶解度降低，而颗粒相互凝聚成沉淀，就会使分散的蛋白质团粒很快地聚集到一块儿，成了白花花的豆腐脑。再经蹲脑、压榨工序，豆腐脑就变成了我们常吃的豆腐。

除石膏、盐卤外，现在还有一种常用的凝固剂，化学名为葡萄糖酸-δ-内酯，主要是用来做盒装的内酯豆腐。这种物质在水中能缓慢水解为葡萄糖酸，降低溶液的 pH 值，在一定程度上中和蛋白质的负电荷，使其容易聚集，受到以疏水相互作用为主的影响，蛋白质同样能形成网络结构，得到凝胶。用内酯做豆腐时，要先用冷水把其溶解，内酯溶液加入凉豆浆中直接充填到包装盒里，封膜。再经升温，即凝固而得豆腐，内酯豆腐的叫法也是因此而来。因为没有压榨工序，所以内酯豆腐持水性更好，口感上也会更加细嫩爽滑。现在，随着工艺技术的进步与创新以及对产品品质要求的提高，食品加工企业在生产时多采用复合凝固剂，以使得到的产品在口感、柔韧性、持水性等各方面都更加优良，让消费者有更加美好的消费体验。

二、酒与化学

酿酒技术是我国古代化学成就之一。我国早在公元前 2200 年就能造酒，人类饮酒的历史也随着酒的产生一直延续到现在，酒与化学是密切相关的。

酿酒过程中最主要的化学变化是糖酵解的过程，即酵母菌将葡萄糖分解成为丙酮酸的过程，催化糖酵解的酶、金属离子（辅助因子）均存在于酵母菌细胞中。陈酿过程中空气中的氧不断溶入酒中，与酒中的醇类等物质缓慢而持续发生着一系列的氧化反应，促进酯类物质生成，使酒产生成熟的老陈味。酒中的醇类和酸类物质相互反应生成酯类，酯类是白酒中最重要的香气成分，为白酒增香，但这种酯化反应很慢，需要很长的时间。白酒在自然的老熟过程中，会发生缔合和挥发等物理变化，以及氧化、酯化、缩合等化学反应，使酒中的刺激性强的成分发生挥发、氧化、缔合、酯化、缩合等变化，同时生成香味物质和助香物质，使酒体更加醇和，香气更协调、丰满。例如，新酒中乙醛含量较高，经过储存老熟，可缩合一部分醛类，使辛辣味降低，同时产生一种新的带愉快香气的成分，因此有"白酒越陈越香"的说法。

1. 酒的成分

酒的主要成分是水和酒精，除此之外，还有高级醇、甲醇、多元醇、醛类、羧酸、酯类等物质。酒精的化学名称为乙醇。酒精的语源来自阿拉伯语的"aikunui"，原本是妇女化妆用的一种粉末，后转化为"酒之精华"——酒精。

2. 酒的分类

酒的品种繁多，分类方法也不一样，一般按酿造方法、酒精度、原料来源、总糖含量、香型、色泽、曲种等进行分类。

（1）按酿造方法分类　可分为酿造酒（发酵酒）、蒸馏酒和配制酒。像黄酒、葡萄酒、果酒、啤酒等都属于酿造酒，而马奶酒、牛奶酒、醪糟等民间发酵的、不经蒸馏的含酒精饮品也在此列。这类酒的特点是酒精度低，一般在3%～18%，且营养成分较丰富，不宜长期储存。中国白酒、伏特加、威士忌、白兰地、金酒、朗姆酒号称世界六大蒸馏酒系列，这类酒的特点是酒精度高，一般在30%以上，但是它们几乎不含人体所必需的营养成分，由于是蒸馏冷凝后的原酒，必须经过长期陈酿，短则2～3年，长则8～15年。而像我国北方也有一些蒸馏型的马奶酒、牛奶酒，但酒精度较低，不到30%。我国的配制酒分为露酒和调配酒两类，其中著名的露酒有竹叶青、蛇酒、麝香酒、参茸酒等，而鸡尾酒则是最为典型的调配酒。

（2）按酒精度分类　可分为低度酒、中度酒、高度酒。低度酒的乙醇含量在20%以下，发酵酒和某些配制酒在此列。中度酒的乙醇含量在20%～40%，多数配制酒均在此范围。高度酒的乙醇含量在40%以上，各种蒸馏酒均属此类，某些配制酒也在此列。

（3）按原料分类　可分为白酒、黄酒、果酒。白酒是用粮食（高粱、玉米、稻米、麸皮等）酿造的；黄酒一般是以稻米、玉米和小米为原料；果酒是以各种水果制造的，最典型的就是葡萄酒。

（4）按总糖含量分类　这是一种葡萄酒、黄酒和果酒等发酵酒的分类方法。通常总糖含量以葡萄糖计，可分为干型、半干型、半甜型、甜型、浓甜型。

（5）按香型分类　中国白酒评比是以香型分类的，一般有四种基本香型。以茅台酒为代表的茅香型（酱香型），以泸州老窖和五粮液为代表的泸香型（浓香型），以汾酒为代表的汾香型（清香型），以桂林三花酒为代表的米香型，还有其他香型。

（6）按色泽分类　啤酒常分为浅色啤酒、深色啤酒、黑啤酒三类；葡萄酒也可分为白葡萄酒、红葡萄酒、桃红葡萄酒三种。

（7）按曲种分类　主要针对中国白酒和黄酒。白酒可分为大曲酒、小曲酒、麸曲酒、混曲酒。黄酒可分为麦曲黄酒、红曲酒。

3. 酒的应用

酒的功效非常广泛，它是一种独特的物质，也具有丰富的精神文化。酒的主要功效有解乏、提神、助兴、调味、待客等，以下介绍两个方面、

（1）酒的药效　酒精可溶解许多难溶甚至不溶于水的物质，用它来泡制药酒，有的比水煎中药疗效好。而且药酒进入体内被吸收后立即进入血液，能更好地发挥药性，从而起到治疗滋补之功效。为此，中医常有处方让患者用酒冲服，或煎药时使用药引。酒不仅可内服，而且能用于外科。最常见的除用酒精消毒外，还可以涂于患处，治疗跌打扭伤、关节炎、神经麻木等，如虎骨酒、史国公酒等。近年来红葡萄酒在中国很畅销，因为适量饮

用葡萄酒不仅可防衰老，而且可预防因机体老化引发的有关疾病。

（2）酒与烹饪　在烹饪美味菜肴时，适量用酒，能去腥起香，使菜肴香甜可口。因为酒的主要成分是乙醇，沸点较低，一经加热，很易挥发，便把鱼、肉等动物的腥膻怪味带走。烹饪用酒最理想的是黄酒，因为它含乙醇量适中，介于啤酒和白酒之间，而且黄酒中富含氨基酸，在烹饪中与盐生成氨基酸钠盐，即味精，能增加菜肴的鲜味。加之黄酒的酒药中配有芳香的中药材，用它作料酒，菜肴会有一种特殊的香味。当然，在无黄酒的情况下，其他酒也可以用。中国菜用黄酒最好，西菜则多用葡萄酒、啤酒，即不同菜肴使用的酒不同，用酒时间也不尽相同。即使是中式菜肴，也有不同技艺，在蒸炸鱼肉鸡鸭之前，用啤酒浸腌10分钟，做出的菜肴鲜嫩滑爽，没有腥膻味。

4. 饮酒与人类健康

中国的酒文化十分古老，然而，人们对饮酒与健康的科学知识了解得不全面，下面我们就来了解一下饮酒与人类健康的关系。

（1）过量饮酒对人体的危害　酒精的解毒主要是在肝脏内进行的，大约90%～95%的酒精都要通过肝脏代谢，因此饮酒对肝脏的损害特别大。酒精能损害肝细胞，引起脂肪肝、酒精性肝硬化，最后可导致肝癌。若一次饮酒量过多，不仅可引起急性酒精性肝炎，还可能诱发急性坏死性胰腺炎，严重者可危及生命。酒精能刺激消化道黏膜，引起胃肠功能紊乱，消化道黏膜充血、水肿，导致消化道炎症和溃疡，甚至导致某些消化系统癌症。酒精对心血管系统有损害作用，长期大量饮酒，可导致高血压、高脂血症、冠状动脉粥样硬化、脑中风、心肌炎、心律失常等。饮酒是血压升高的一个重要因素，每天饮30～60g酒可能会导致血压升高，血压升高有诱发中风的危险。长期过量饮酒，还可使心肌发生脂肪变性，失去弹性并扩大，严重影响心脏的正常功能。酒精能麻痹和刺激人的神经，使其受到抑制或兴奋而失去正常功能，影响脏腑的协调运行。长期大量饮酒可使脑细胞受损，造成头脑不清，反应迟钝，记忆力减退，注意力不集中，工作能力下降。

酒精能使人失去自控能力，有增加事故和暴力行为的危险。全国每年的交通肇事案中，约有40%是因为酒后驾车引起的，因此，我国加大了酒后驾车的打击力度，较大程度降低了交通事故发生。长期饮酒者的中枢神经系统往往处于慢性乙醇中毒状态，有的发展为酒精中毒性精神病和酒毒性动觉症，患者时有伤人毁物等行为。

（2）饮酒要讲究科学　按生物钟来说，人体的各种酶一般在下午活性较高，因此在晚餐时适量饮酒对身体损伤较小。

在饮酒方式上要注意，少量慢饮比较适宜，切忌逞强好胜，饮得过猛过快，忌边饮酒边吸烟，这样会加重对身体的损害。饮酒前先吃一些食物、喝点牛奶，能起到延缓酒精吸收、保护胃黏膜的作用；饮酒时最好多吃些容易消化的高蛋白质食物，如贝类、虾、蟹、鱼、豆制品、绿叶蔬菜，以及富含B族维生素的动物肝脏等，以提高机体对酒精的解毒能力，忌用咸鱼、香肠和腊肉下酒，因其含有的大量色素和亚硝胺能与酒精发生反应，不仅伤肝，而且损害口腔与食道黏膜，甚至诱发癌症。饮酒后人体内的血糖值下降，使人产生虚脱感，因此，酒后宜饮蜂蜜水或白糖水，也可食用适量的梨、西瓜之类的水果，保证体内血糖值处于较平稳的水平。

青少年因酒精直接刺激垂体，影响垂体发育，导致身体发育不良和代谢失调，高浓度的乙醇对甲状腺、肾上腺皮质和性腺都有损伤，严重者可导致内分泌腺萎缩，出现男性女性化。孕妇因酒精可通过胎盘到达胎儿，胎儿血液中的酒精浓度与母体相等，所以，造成死胎、流产和各种畸形。身体健康状况不佳者，如患有心、肺、肝、肾疾病者易造成较重中毒，最好不饮酒。另外，因啤酒本身含大量嘌呤，可使血尿酸浓度增高，尿酸高的人不宜大量饮啤酒，以减少痛风的发作。服用某些药物时要注意，禁止饮酒。酒精如与巴比妥盐类或吗啡类同服，即使血液中酒精浓度较低亦较危险。驾驶、操作机械设备，以及从事精力高度集中的工作者饮酒后，酒精可在血液中停留2～3小时，可导致人的协调、平衡、反应能力降低，容易对自身及他人人身安全造成威胁。

总之，长期过量饮酒弊多利少，适量饮酒有益健康，所以每个人应从自身做起，珍爱生命，科学饮酒，这样对个人健康、家庭和睦、社会安定都有利。

三、茶与化学

1. 茶的分类

茶与咖啡、可可并称为世界三大饮料，其中茶叶历史最久，风行地区最广，饮用人数最多，全世界有一半以上的人喝茶。茶被誉为"绿色金子""健康饮料"。

我国地域广阔，名茶辈出，如西湖的龙井、洞庭的碧螺春、黄山的毛峰、福建的乌龙茶、四川的蒙顶茶、滇南的普洱茶等等。总分为六大类，即绿茶、白茶、乌龙茶（青茶）、花茶、黑茶（紧压茶）和红茶。

（1）绿茶　绿茶是不经过发酵的茶，即将鲜叶经过摊晾后直接在100～200℃的热锅里炒制，以保持其绿色的特点。名贵品种有龙井茶、碧螺春茶、黄山毛峰茶、庐山云雾茶、六安瓜片、蒙顶茶、太平猴魁茶、君山银针茶、顾渚紫笋茶、信阳毛尖茶、平水珠茶、西山茶、雁荡毛峰茶、华顶云雾茶、涌溪火青茶、敬亭绿雪茶、峨眉峨蕊茶、都匀毛尖茶、恩施玉露茶、婺源茗眉茶、雨花茶、莫干黄芽茶、五山盖米茶、普陀佛茶。

（2）红茶　红茶与绿茶恰恰相反，是一种全发酵茶（发酵程度大于80%）。红茶的名字得自其汤色红。名贵品种有祁红、滇红、英红。

（3）黑茶　黑茶原来主要销往边区，像云南的普洱茶就是其中一种。普洱茶是在已经制好的绿茶上浇上水，再经过发酵制成的。普洱茶具有降脂、减肥和降血压的功效，在东南亚和日本很普及。

（4）乌龙茶　乌龙茶也就是青茶，是一类介于红茶、绿茶之间的半发酵茶。乌龙茶在六大类茶中工艺最复杂费时，泡法也最讲究，故也被人称为工夫茶。名贵品种有武夷岩茶、铁观音、凤凰单丛、台湾乌龙茶。

（5）黄茶　著名的君山银针茶就属于黄茶，黄茶的制法有点像绿茶，不过中间需要闷黄三天。

（6）白茶　白茶则基本上就是靠日晒制成的。白茶和黄茶的外形、香气、滋味都是非常好的。名贵品种有白毫银针茶、白牡丹茶。

其中绿茶出现最早，其次为白茶，即由满披白毫的嫩芽制成，有白毫、银针、老君眉等。花茶、乌龙茶、紧压茶发明于明代，而红茶则产生于清代。至于饮茶方法，约在明代中后期始由煮饮改为至今流行的冲泡法，使饮茶更加方便普及。此外，各民族各地区在长期的饮茶实践中还形成了一些独具特色的饮茶风俗，如西藏的酥油茶、内蒙古的奶茶、白族的三道茶（清茶、甜茶、香茶）、云南的盐巴茶、桂北的打油茶、闽潮的工夫茶、广东的早茶、湖南的擂茶、四川的盖碗茶等。

2. 喝茶与人体健康

史实资料及近代科学研究表明，茶叶中含有的多种成分具有养生保健功能，对人体健康有益。

（1）提神醒脑、利尿强心　茶叶中含有 3%～5% 的生物碱，其中主要的有咖啡因、可可碱、茶碱、氨茶碱等，具有兴奋中枢神经，促进新陈代谢，加速血液循环，增强心脏和肾脏的功能及良好的利尿作用。因此，茶叶是一种兴奋剂和利尿剂。

（2）清热降火、止渴生津　李时珍在《本草纲目》中写道："茶苦味寒……最能降火，火为百病，火降则上清矣。"喝茶能调节体温，三伏天气骄阳似火，一杯茶下肚，顿觉凉爽快活，远比冷饮解渴。茶叶中的水浸出物如多酚类、糖类、果胶、氨基酸等与口中的唾液作用，能起到止渴生津的效果。

（3）溶解脂肪、帮助消化　饮茶能去油腻助消化，丰餐盛宴后，饮一杯浓茶，是防止油腻积滞的最好方法。茶汤能促进胃液的分泌和食物消化：茶汤中的肌醇、叶酸、蛋氨酸等多种化合物都有调节脂肪代谢功能；茶叶中的芳香物质能溶解脂肪，帮助消化肉类食物。因此，在我国边疆一些以肉食为主的少数民族地区有"宁可一日无盐，不可一日无茶"之说。

（4）杀菌消炎、醒酒解毒　茶叶中的多酚类物质对大肠杆菌、葡萄球菌以及病毒等有明显的抑制作用，民间常有浓茶汤治疗细菌痢疾或用来敷涂伤口，消炎解毒，促使伤口愈合，现在有以茶叶为原料制成的治疗痢疾、感冒的成药。"正如酣醉后，酸酒却须茶"，这是明代王阳明的一句诗，说明人们早就认识到饮茶有解酒的功效，因为茶多酚能中和酒精。饮茶能使烟叶中的尼古丁及其他有害物质沉淀，通过小便排出体外，有解毒作用。

（5）预防龋齿，去除口臭　茶叶中含有较丰富的碘和氟化物，碘有防治甲状腺功能亢进作用，氟化物是人体骨骼、牙齿等的构成成分。饮茶是补充氟的途径之一，尤其在饮水含氟量低的地区，饮茶有明显的防龋作用。茶汤能去腥味，茶叶中的维生素 C、芳香油和茶多酚还能去口臭。

（6）降脂降压、减肥健美　饮茶能防止血液和肝脏中烯醇和脂肪的积累，增强血管壁的弹性，预防动脉硬化和脑出血，还能增进心脏活动和微血管扩张起降低血压的作用。据研究，乌龙茶和花茶能减肥健美，对年轻女子和中年发胖女士效果更好。日本对乌龙茶的评价很高，称之为"苗条茶""美貌和健康的妙方"。花茶能起到理气解郁调经的功效。

第三章 饮食与化学

（7）防辐射、抗癌症 日本把茶叶称为"原子时代的饮料"，"茶叶可以把你从辐射中拯救出来"，因为茶叶中酚类物质、脂多糖和维生素C等综合作用后可以吸收放射性物质。据第二次世界大战后的调查，在日本广岛原子弹爆炸后，凡有长期饮茶习惯的人，放射性伤害比较轻，存活率较高。我国已将茶叶制成防辐射药物，对治疗放射性损伤，提高白细胞数量等有明显效果。我国科技工作者和医务人员研究证实，茶叶有明显的抗癌作用，其中又以绿茶和花茶效果最好。

茶叶是一种健康长寿的保健饮料，科学饮用对人体健康大有裨益。科学饮茶就是指根据茶叶成分特性，结合饮茶者身体状况，因人、因时、因地进行茶品选择、冲泡、饮用而有益于人体健康的科学饮茶行为。

四、可乐的化学元素

炎炎夏日，喝一杯碳酸饮料，能够很快带走身体的热量，刺激的口感和咖啡因能让被暑气蒸得昏昏欲睡的人们精神为之一振，如果在冰箱里冷藏后饮用，真是"透心凉"。

1. 可乐的"爽"

碳酸饮料具有清暑作用的成分是其中含有的二氧化碳气体，它是碳酸饮料的主要原料之一，可起到降低温度、制造独特口感、抑制微生物生长、促使打嗝排热等作用。

此外，可乐中含有大量的糖分、防腐剂、色素、香精，还含有极少量的维生素、矿物质，并且含有碳酸、磷酸等化学成分。其实，碳酸饮料的最主要成分是水，饮用后可补充身体因运动和进行生命活动所消耗掉的水分和一部分糖、矿物质，对维持体内的体液电解质平衡有一定作用。但是，可乐并不适合所有人，儿童、孕妇、育龄妇女和吸烟者，以及高血脂、高血压、糖尿病、痛风病人应该尽量少饮用或者不饮用，因为咖啡因、糖、磷成分的摄入会对这些人产生健康上的影响。

2. 可乐的"色"

可乐之所以呈现褐色，是因为在其中加入了一种名叫焦糖的食用色素。传统的焦糖制造方法：把容器里的白糖或饴糖高温熬煮，融化的糖浆将不断发生一种被称为焦糖化的化学反应，颜色慢慢变深直至成为焦糖。焦糖化反应的过程以及生成的化学物质相当复杂，以至于科学家们至今都没有洞察其中的奥秘。当然，这并不影响中国大厨炒制焦糖烹调菜肴，焦糖饼干、焦糖面包也都是人气很高的美食。

五、食物相克的真与假

每一种食材都有自己特有的功效，但不合适的食材搭配在一起吃的时候，功效就有可能变成病因，这就是我们所说的食物相克。早在 1935 年，我国科学家、中国营养学会创始人郑集教授，就在民间传言较广的 184 对所谓"相克食物"中，选择了当时最为流行的 14 组食物，包括蜂蜜和葱、牛肉和板栗、花生和黄瓜，还有螃蟹和柿子等，分别开展了人体实验和动物实验，结果无论人还是动物，一切正常。这也是首次通过科学实验直接驳斥"食物相克"一说。后来，不少高校院所也相继通过实验对"食物相克"说法进行了辟谣。理论上讲，食物相克的理论看似合理，但在实际中往往难以站住脚。

比如，海鲜和水果一起吃会中毒。持这一观点的人认为，海鲜里面含有砷，而各种水果里面含有丰富的维生素 C，如果同时吃下这两种食物，它们就会在我们的身体里面发生化学反应，生成三氧化二砷（砒霜），所以同时吃海鲜和水果就相当于服毒。但是维生素 C 和砷在天然食物中的含量非常少，按照我们平时吃东西的量，就算同时吃海鲜和水果吃到肚皮被撑破也是达不到中毒的标准的。

过度关注食物相克，会影响我们摄入食物的多样性。在我国发布的《中国居民膳食指南（2016）》中提到，到 2016 年为止都没有发现过真正因为"食物相克"导致食物中毒的案例和报道。食物相克的传言片面夸大了食物间的相互作用，而忽视了剂量的重要性，才会出现"中毒""致死"等种种谣传。日常生活饮食中，食物在采集、运输、清洗、烹饪当中，受有毒化学物质污染或者发生食物腐败等都可引起胃肠道不良反应、腹泻、中毒甚至死亡。很多人吃出病是由于不洁饮食造成，而非"食物相克"引起。

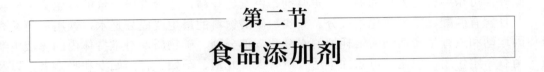

第二节 食品添加剂

食品添加剂是指为改善食品品质和色、香、味以及为防腐、保鲜和加工工艺的需要而加入食品中的人工合成或者天然物质，包括营养强化剂。食品添加剂是食品工业的灵魂，没有食品添加剂就没有食品工业。按照功能分，主要的食品添加剂有：酸度调节剂、抗结剂、消泡剂、抗氧化剂、漂白剂、膨松剂、着色剂、护色剂、乳化剂、酶制剂、增味剂、被膜剂、水分保持剂、营养强化剂、防腐剂、稳定剂和凝固剂、增稠剂、食品用香料、食品工业用加工助剂等。我们重点来看以下三种。

一、增味剂——味精

作为食物最重要的构成因素之一，味道一直是人类不懈的追求。那些能补充或增强食品原有风味的物质，就是增味剂。随着科技的发展和研究的深入，我们发现的鲜味物质越来越多，包括氨基酸、核苷酸、有机酸等多种类别，而其中发现最早、应用最广泛的就是谷氨酸钠，也就是通常所说的味精。

1. 性质

谷氨酸钠，化学名 α-氨基戊二酸一钠。它有两种构型，D-型和L-型，其中能为我们提供鲜味的是L-型。从外观上看谷氨酸钠是一种无色、无味的棱柱状结晶，带有一分子的结晶水。易溶于水，在中性环境中对光、热稳定，但对酸碱的耐受力不强，所以当pH＜5时加热至210℃会生成焦谷氨酸钠从而失去鲜味。谷氨酸钠在蔬菜和肉类中含量很高，所以它具有的是强烈肉类鲜味，特别是在微酸性溶液中味道更好，鲜味阈值为0.014%。

2. 安全性

早在1969年和1971年，关于味精的安全性就曾引发过两次学术界的大讨论，经过再三论证，一致认为味精在正常使用范围内安全性是无可置疑的。因此1987年食品添加剂联合专家委员会（JECFA）取消了对谷氨酸钠的ADI值（每日允许摄入量）限定，同时还删除了"不宜用于12周龄婴儿"的限制。

从谷氨酸钠的生产起源看，谷氨酸最早由德国的雷特豪于1846年在小麦的面筋中分离获得；1908年日本的池田菊苗从海带中分离出谷氨酸，并发现谷氨酸的钠盐具有鲜味；1909年日本开始生产以谷氨酸一钠为主要成分的"味之素"，并出售。所以谷氨酸钠其实是在许多天然食物中存在的。在现代食品工业中，味精是用微生物发酵粮食、淀粉等原料生产出来的，其生产工艺和酿酒、制醋类似。谷氨酸钠的主体谷氨酸，本身就是组成蛋白质的基本成分之一。除了味精外，我们吃的各种蛋白质，经过消化吸收后也会产生大量谷氨酸。比如一个成年人每天要吃至少几十克蛋白质，其中包含的谷氨酸在10g以上。而味精作为调味品，大多数人每天通过它摄入的谷氨酸，都不超过1g。

从毒理学角度来看，谷氨酸钠半数致死量（LD_{50}）为19900mg/kg，比食盐的3750mg/kg要高，也就是说从急性毒性来看，谷氨酸钠甚至比食盐还安全。不过也要注意，谷氨酸钠超量食用确实会使部分人群产生不适。这主要是由于谷氨酸的摄入超过了肠道的转化能力，使得血液中谷氨酸含量升高造成的。此外，谷氨酸的羧基有螯合Ca^{2+}、Mg^{2+}作用。当然，我们日常摄入的正常剂量基本不会引起这类反应。从实际生产应用来看，只有当谷氨酸钠使用量占食品总量的0.2%~0.8%时，才能最大程度增进食品的天然风味，一旦添加量超过这一最适浓度，口感就会大幅下降，所以也不能多用。

3. 使用

GB 2760规定谷氨酸钠"可在各类食品中按生产需要适量使用"。虽然在使用量上并没有限制，也要注意以下几点：温度太高时，不宜放味精，因为谷氨酸钠在120℃以上的高温下会转变为焦谷氨酸钠，鲜味丧失；拌凉菜时，不宜放味精，因为味精在温度为80~100℃时，才能充分发挥提鲜的作用，而凉菜的温度偏低，味精溶解效果不好；使用肉类、鸡蛋、蘑菇、茭白、海鲜等原料时,不用放味精,这些食物本来就含有很多鲜味物质,与食品中的盐相遇经过加热后,自然就会产生鲜味,无需额外添加;味精在食盐存在的情况下,提鲜效果更好,因此肉汤中加盐更美味。

二、着色剂——胭脂虫红

根据心理学家的分析,人们凭感觉接收的外界信息中,83%的印象来自视觉,可见产品外观的重要性,而颜色尤为重要。消费者对食品的接受程度会受到颜色的巨大影响,所以食品调色就成为食品加工中必不可少的环节,而着色剂也成为添加剂中非常重要的一员。早在中国古代,民间就有用蔬菜汁来染色鸡蛋羹、做有色面条的做法。杜甫《槐叶冷淘》一诗说的就是用槐树叶来制作绿色凉面,可以算是早期的着色剂了。在大规模现代食品工业生产中,用蔬菜汁来染色这样的传统智慧很难实现商品的标准化,原料的不同会导致成品颜色的差异。于是,使用稳定便捷的食品着色剂(俗称色素)来增加食物的吸引力、实现食品的标准化,便成为食品工业发展的必然选择。

食品调色,在早期人们更多的是凭借经验直接使用有色植物或植物粗制物,但是这些粗加工的着色剂颜色种类少、性质不稳定、极易变色,在工业中应用受到了极大的限制。后来,随着有机合成化学的发展,诞生了大量五彩斑斓、性质稳定的人工合成着色剂。随着相关安全问题的出现,人们对合成着色剂安全性的质疑愈演愈烈,于是食品学家们开始致力于寻找既安全又能保持稳定、不易变色的天然色素。

胭脂虫红脱颖而出,受到越来越多的青睐。胭脂虫红是由雌性胭脂虫干燥磨碎后用水提取而得的红色色素,主要成分是胭脂红酸,是一种蒽醌衍生物。胭脂虫红从外观上看是一种红色晶体粉末,水溶性好,在各个 pH 范围内都可溶解,溶液呈深红至紫红色。同时它性质稳定,耐热、耐光、抗氧化能力强,染色力强,是一种难得的理化性质非常稳定的天然着色剂。而且它与肉类蛋白有良好的亲和性,因此广泛应用于饮料及肉类制品。胭脂虫红是一种无毒、安全的天然色素,是唯一一种联合国粮农组织(FDA)允许既可用于食品又可用于药品和化妆品的天然色素,目前没有观察到任何毒副作用。GB 2760 规定其可广泛地应用于各类饮料、膨化食品、焙烤食品、熟肉制品、坚果、糖果中,具体使用范围和限量按照有关标准执行。

三、防腐剂——亚硝酸盐

新鲜肉类具有鲜嫩诱人的色泽,但是一旦经过蒸煮,这种颜色就会消失殆尽,变成了暗红色或者灰白色,为了解决这一问题,食品护色剂便应运而生。GB 2760—2014 中提到:护色剂是指能与肉及肉制品中呈色物质作用,使之在食品加工、保藏等过程中不至分解、破坏,从而呈现良好色泽的物质,一般是指硝酸盐和亚硝酸盐类物质,其中以亚硝酸盐最为常用。

1. 性质

亚硝酸盐是一种白色至淡黄色结晶性粉末，味微咸，外观、口味均与食盐相似，所以容易出现误食误用的现象，因此在实际生产中对亚硝酸盐的存储和使用都要进行严格的管控。亚硝酸盐易溶于水，水溶液呈碱性，在乙醇中微溶，在空气中易吸湿，且能缓慢吸收空气中的氧，逐渐变为硝酸盐。

作为护色剂，亚硝酸盐本身并无着色能力，但具有良好的护色效果。这一效果是怎样产生的呢？研究发现其通过以下机理发挥作用。

（1）硝酸盐在细菌（亚硝酸菌）的作用下还原成亚硝酸盐：

$$2KNO_3 \longrightarrow 2KNO_2+O_2$$

（2）亚硝酸盐在酸性条件下生成亚硝酸。一般宰后成熟的肉因含乳酸，pH值在5.6～5.8的范围，所以不需外加酸即可生成亚硝酸：

$$KNO_2+CH_3CHOHCOOH \longrightarrow HNO_2+CH_3CHOHCOOK$$

（3）亚硝酸不稳定，分解出一氧化氮：

$$3HNO_2 \longrightarrow H^+ + NO_3^- + 2NO+H_2O$$

（4）NO与肌红蛋白（血红蛋白）结合，NO的量越多，则呈红色的物质越多，肉色则越红：

$$NO+Mb(Hb) \longrightarrow NO\text{-}Mb(NO\text{-}Hb)$$

此外，亚硝酸盐在抑制肉毒梭状芽孢杆菌的繁殖、防止肉毒毒素生成方面具有无可替代的效果。在实际生产中，为保证良好的发色效果和抑制腐败菌的生长，同时确保食品的安全，其使用要严格按照《食品安全国家标准 食品添加剂使用标准》（GB 2760—2014）中规定的使用范围、最大使用量添加和使用。

2. 安全性

亚硝酸盐LD_{50}值为220mg/kg（小鼠经口），已经达到了中等急性毒性的水平，过量摄入会对身体产生影响。亚硝酸盐一次性摄入400mg左右就会出现急性中毒症状，对人的致死量为4～6g。但其实只要不是误食误用，在正常饮食过程中摄入的亚硝酸盐是远低于这一水平的。真正的致癌物不是亚硝酸盐，而是其与食物中的胺反应产生的亚硝胺。大量实验表明，抗坏血酸、生育酚、烟酰胺等物质可以有效地抑制肉制品中亚硝胺的形成。所以在实际生产中，我们常将它们作为护色助剂和亚硝酸钠合用，既可以护色又可以保证安全。

3. 使用

GB 2760对亚硝酸盐的使用范围和用量进行了严格的控制，仅可用于腌制肉罐头、肉灌肠、盐水火腿等肉制品，最大使用量为0.15g/kg，且残留量一般不得超过30mg/kg。而在日常生活中，由于亚硝酸盐与食盐很相似，为避免餐馆、酒店、小型商贩等餐饮单位出现误食误用甚至人为蓄意使用的情况,国家卫生健康委严禁餐饮单位购买、储存和使用亚硝酸盐。

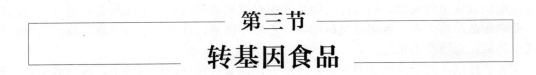

第三节 转基因食品

一、什么是转基因食品

利用转基因生物技术获得的转基因生物品系,并以该转基因生物为直接食品或为原料加工生产的食品称为转基因食品。但凡是通过法律认可的转基因产品,都是经过系统的、规范的食品安全检验的验证,对于人体的健康是安全的。国内目录内转基因食品都有强制标识,消费者可以自由选择对其消费与否。当前转基因食品以植物性转基因食品为主,根据国际农业生物技术应用服务组织(ISAAA)公布的数据,2015年全球转基因农作物播种面积为1.797亿公顷,商业化种植作物品种越来越丰富。

二、转基因食品的特点

转基因食品有较多的优点,可增加作物产量、降低生产成本,增强作物抗虫害和抗病毒等的能力,提高农产品耐储性,缩短作物开发的时间,摆脱四季供应,打破物种界限,不断培植新物种、生产出有利于人类健康的食品。

转基因食品也有缺点,所谓的增产是不受环境影响的情况下得出的,如果遇到雨雪等自然灾害,也有可能减产更厉害。同时在栽培过程中,转基因作物可能演变为农田杂草;可能通过基因漂流影响其他物种;转基因食品可能会引起过敏等,产生对人体或环境的危害。

三、转基因食品的种类

对转基因食品尚无明确分类,根据惯例按不同标准可进行不同分类。

1. 根据转基因食品中是否含有转基因源分类

(1) 转基因食品本身不含转基因,尽管来源于转基因生物,但其产品本身并不会有任何转移来的基因；

（2）转基因食品中确实含有转基因成分，但在加工过程中其特性已发生了改变，转移来的活性基因不复存在于转基因食品中；

（3）转基因食品中确实带有活性的基因成分，人们食用这种转基因生物或食品后，转移来的基因和生物本身固有的基因均会被人体消化吸收。

2. 根据转基因食品来源的不同分类

（1）植物性转基因食品，指以含有转基因的植物为原料的转基因食品。

（2）动物性转基因食品，指以含有转基因的动物为原料的转基因食品。动物的转基因食品，主要是利用胚胎移植技术培养生长速率快、抗病能力强、肉质好的动物或动物制品。

（3）微生物转基因食品，指以含有转基因的微生物为原料的转基因食品，主要是利用微生物的相互作用，培养一系列对人类有利的新物种。

3. 根据食品中转基因的功能的不同分类

增产型的转基因食品；控熟型的转基因食品；保健型的转基因食品；加工型的转基因食品；高营养型的转基因食品；新品种型的转基因食品。

四、转基因食品的安全性

随着科技的发展和生活品质的提高，相关转基因食品的研究与应用逐渐增多，商业化种植转基因作物品种日益丰富，转基因食品也随之得到研发与应用，转基因食品的安全问题引发了人们的高度关注和讨论。

相关研究表明，长期食用转基因食品可能会受到外来基因的不利影响，其安全隐患主要表现在以下 5 个方面：

（1）转基因食品是由基因重组而形成的新生物体。目前对于其结构、成分是否有所改变，缺乏严谨的科学结论和研究报告。

（2）目的基因产物的食品安全有不确定性。商业化种植的转基因农作物虽已经进行过严格的毒性评价和过敏性检测，但在长期使用中，人体仍可能出现过敏、中毒等问题。

（3）转基因食品的 DNA 重组问题。某些转基因作物中含有细菌基因，会导致昆虫、害虫的不正常发育甚至死亡，从而影响生物链。

（4）转基因作物的非转基因成分，即营养成分、抗营养成分和毒性因子安全性评估不够完善。

（5）基因序列毫无规律。对其他生物资源会造成一定影响，容易破坏环境和生态平衡，如超级害虫、超级杂草的出现。

各国对转基因食品进行安全立法来加强对其安全性的控制。早期主要是"实质等同性原则"，即认为转基因食品及成分是否与市场销售的传统食品具有实质等同性，是转基因食品及成分安全性评价最为实际的途径。现今,转基因食品安全的立法基本原则主要为以欧盟为代表的"预防原则"和以美国为代表的"科学原则"。美国根据科学性原则制定自愿标识政策;日本早期根据实质等同性原则,后期依据预防性原则制定强制和自愿标识政策;中国与欧盟均以预防性原则为基本原则,制定强制标识政策。

现今,转基因食品凭借其高产优质的属性进入市场,进入人们的日常生活中,尽管对于转基因食品的安全隐患问题尚未得出结论,但各国的政策、研究均高度重视,有效避免了存在安全性问题的转基因食品流入市场。消费者应理性地对待、科学地看待转基因食品,盲目相信社会舆情,一味排斥转基因食品是不可取的。有关政府部门也应该做好对群众的科普工作,消除转基因食品在社会中存在的刻板印象。转基因食品终会找到一个立足于科研和应用、实验室与市场的平衡点。

第四节 食品质量安全等级

根据不同认证食品的不同要求,食品分为普通食品、无公害食品、绿色食品和有机食品四个安全等级,如图 3-1 所示。

图 3-1 常见各类食品安全等级

一、普通食品

普通食品又称一般食品,简称食品。国家标准 GB/T 15091—1994《食品工业基本术语》第 2.1 条将一般食品定义为可供人类食用或饮用的物质,包括加工食品、半成品和未加工食品,不包括烟草或只作药品用的物质。

二、无公害食品

无公害食品指的是无污染、无毒害、安全优质的食品,在国外称无污染食品、生态食品、自然食品。无公害农产品是指产地环境、生产过程和产品质量符合国家有关标准和规范的要求,经认证合格获得认证证书并允许使用无公害农产品标志的优质农产品及其加工制品。无公害农产品标志(图 3-2)图案由麦穗、对勾和无公害农产品字样组成,麦穗代表农产品,对勾表示合格,金色寓意成熟和丰收,绿色象征环保和安全。

图 3-2 无公害农产品标志

无公害农产品系采用无公害栽培(饲养)技术及其加工方法,按照无公害农产品生产技术规范,在清洁无污染的良好生态环境中生产、加工的,安全性符合国家无公害农产品标准的优质农产品及其加工制品。无公害农产品生产是保障大众食用农产品身体健康、提高农产品安全质量的生产。广义上的无公害农产品,涵盖了有机食品(又叫生态食品)、绿色食品等无污染的安全营养类食品。

三、绿色食品

1. 绿色食品含义

绿色食品,是指产自优良生态环境、按照绿色食品标准生产、实行全程质量控制并获得绿色食品标志使用权的安全、优质食用农产品及相关产品。为了和一般的普通食品区别开,绿色食品有统一的标志。该标志(图 3-3)图形由三部分构成:上方的太阳、下方的叶片和中间的蓓蕾,象征自然生态。标志图形为正圆形,意为保护、安全。颜色为绿色,象征着生命、农业、环保。

A级绿色食品　　　　　　　　　AA级绿色食品

图 3-3　绿色食品标志

绿色食品标准共分为两个技术等级，即 AA 级绿色食品标准和 A 级绿色食品标准。AA 级绿色食品系指在环境质量符合规定标准的生产地，生产过程中不使用任何有毒化学合成物质，按特定的操作规程加工，产品质量及包装经检测、检查符合特定标准，并经专门机构认定，许可使用 AA 级绿色食品标志的产品；A 级绿色食品系指按环境质量操作规程加工，产品质量及包装经检测、检查符合特定标准，并经专门机构认定，许可使用 A 级绿色食品标志的产品。从行业发展上看，随着我国人民生活水平的提高和消费理念的转变，无污染、安全的绿色食品已成为时尚，越来越受到人们的青睐。未来，绿色食品无论在国内还是国外，开发潜力都十分巨大。

2. 绿色食品的标准体系

绿色食品质量标准体系包括产地环境质量标准，生产技术标准，产品标准，产品包装标准和储藏、运输标准。

绿色食品的产地环境质量标准要求绿色食品初级产品和加工产品主要原料的产地和生长区域内没有工业企业的直接污染，水域上游和上风口没有污染源对该区域直接构成污染威胁，从而使产地区域内大气、土壤、水体等生态因素符合绿色食品产地生态环境质量标准，并有一套保证措施，确保该区域在今后的生产过程中环境质量不下降。

绿色食品生产技术标准指绿色食品种植、养殖和食品加工各个环节必须遵循的技术规范。该标准的核心内容是：在总结各地作物种植、畜禽饲养、水产养殖和食品加工等生产技术和经验的基础上，按照绿色食品生产资料使用标准要求，指导绿色食品生产者进行生产和加工活动。

绿色食品最终产品必须由定点的食品监测机构依据绿色食品产品标准检测合格。绿色食品产品标准是以国家标准为基础，参照国际标准和国外先进技术制定的，其突出特点是产品的卫生指标高于国家现行标准。

绿色食品产品包装标准规定了产品包装必须遵循的原则、包装材料的选择、包装标志内容等要求，目的是防止产品遭受污染，资源过度浪费，并促进产品销售，保护广大消费者的利益，同时有利于树立绿色食品产品整体形象。

绿色食品储藏、运输标准对绿色食品储运的条件、方法、时间作出规定，以保证绿色食品在储运过程中不遭受污染、不改变品质，并有利于环保、节能。

四、有机食品

有机食品指根据有机农业和国家食品卫生标准、有机食品技术规范,在原料生产和产品加工过程中不使用农药、化肥、生长激素、化学添加剂、化学色素和防腐剂等化学物质,不使用基因工程技术,通过独立的有机食品认证机构认证并使用有机食品标志(图 3-4)的农产品及其加工产品。

图 3-4　有机食品标志

有机食品标志,采用国际通行的圆形构图,以手掌和叶片为创意元素,包含两种景象:一是一只手向上持着一片绿叶,寓意人类对自然和生命的渴望;二是两只手一上一下握在一起,将绿叶拟人化为自然的手,寓意人类的生存离不开大自然的呵护,人与自然需要和谐美好的生存关系。图形外围绿色圆环上标明中英文"有机食品"。有机食品概念,是这种理念的实际体现,人类的食物从自然中获取,人类的活动应遵循自然规律,这样才能创造一个良好的可持续发展空间。

思考题

1. 结合你的经验,谈谈食品中化学反应的作用。
2. 思考食品添加剂与食品安全的关系。
3. 举例说明什么是无公害食品、绿色食品和有机食品。

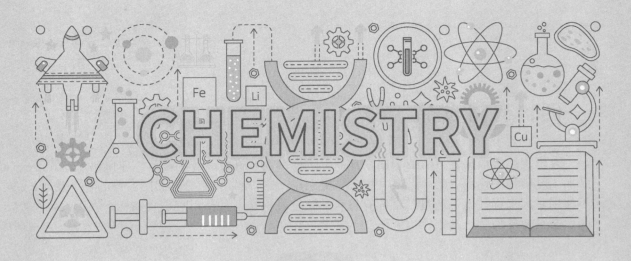

第四章
日用品与化学

日常生活中，与化学有密切关系的有化妆品、服饰，还有我们洗涤用品当中的表面活性剂等，这些物质在我们的生活以及现代社会交往中扮演着重要角色。它们的主要化学成分是什么？对人类的生活和身体健康又起到怎样的作用？本章我们来学习相关内容。

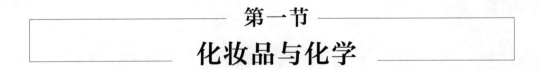

第一节 化妆品与化学

一、化妆品定义和分类

1. 定义

化妆品是指以涂抹、喷洒或者其他类似的方法，散布于人体表面任何部位（皮肤、毛发、指甲、口唇）以达到清洁、消除不良气味、护肤、美容和修饰目的的日用化学工业品。化妆品具有以下主要作用。

（1）清洁作用 用于去除面部、皮肤和毛发的污垢，如清洁霜（包括蜜、水、面膜等）、磨面膏、各种浴液、香波、洗面奶、干洗乳液等。

（2）护肤作用　保护面部，使皮肤柔润、光滑或能够御寒和防晒。这类化妆品如各种润肤膏霜、蜜、香脂、冷霜、防裂膏、防晒霜、甘油等。

（3）营养作用　营养面部、皮肤，以保持皮肤角质层的含水量，延缓皮肤衰老。这类化妆品如添加含氨基酸、维生素、微量元素、生物活性体的各种添加剂（如胶原、人参、芦荟、透明质酸、SOD、有机锗）于雪花膏的各种营养霜。

（4）美容作用　美化面部、皮肤及毛发或使之散发香气。这类化妆品如粉底霜、香粉、粉饼、胭脂、唇膏、眉笔、眼线笔、眼影粉饼、睫毛膏、指甲油、香水、古龙水、发油、发乳、摩丝、喷雾发胶、染发剂、烫发剂等。

（5）特殊作用　这是一类介于药品和化妆品之间的产品，具有特殊功效，在我国称为特殊用途化妆品，如祛斑霜、除臭剂、脱毛膏、健美苗条霜等。

2. 分类

我国化妆品工业大发展是最近几年的事。化妆品的分类方法很多，有按使用目的分类的，有按使用部位分类的，有按剂型分类的，也有按消费者年龄、性别分类的。现分述如下。

（1）按使用目的分类

① 清洁化妆品　用以洗净皮肤、毛发的化妆品，如清洁霜、洗面奶、浴剂、洗发护发剂、剃须膏等。

② 基础化妆品　化妆前对面部、头发的基础处理，如各种面霜、蜜，化妆水，面膜，发乳、发胶等定发剂。

③ 美容化妆品　用于面部及头发的美化，指胭脂，口红，眼影，头发染烫、发型处理、固定等用品。

④ 疗效化妆品　介于药品与化妆品之间的日化用品，如清凉剂、除臭剂、育毛剂、除毛剂、染毛剂、驱虫剂等。

（2）按使用部位分类

① 肤用化妆品　指面部及皮肤用化妆品，如各种面霜、浴剂等。

② 发用化妆品　指头发专用化妆品，如香波、摩丝、喷雾发胶等。

③ 美容化妆品　主要指面部美容产品，也包括指甲、头发的美容品。

④ 特殊功能化妆品　指添加有特殊作用药物的化妆品。

（3）按剂型分类

① 液体化妆品　浴液、洗发液、化妆水、香水等。

② 乳液　蜜液、奶液。

③ 膏霜类　润面霜、粉底霜、洗发膏。

④ 粉类　香粉、爽身粉。

⑤ 块状　粉饼、化妆盒。

⑥ 棒状　口红、发蜡。

（4）按年龄、性别分类

① 婴儿用化妆品　婴儿皮肤娇嫩，抵抗力弱，配制时应选用低刺激性原料，香精也要

选择低刺激的优制品。

② 少年用化妆品 少年皮肤处于发育期,皮肤状态不稳定,且极易长粉刺,可选用具有调整皮脂分泌作用的原料,配制弱油性化妆品。

③ 男用化妆品 男性多属于脂性皮肤,应选用适于脂性皮肤的原料。剃须膏、须后液是男人专用化妆品。

二、化妆品的原料

化妆品原料根据其用途与性能来划分,大致上可分为基质原料和辅助原料。基质原料是化妆品的主体,体现了化妆品的性质和功用,而辅助原料则是对化妆品的成型、色泽、香型和某些特性起作用的原料,一般用得较少。化妆品原料中常用的基质原料主要是油质原料、粉质原料、胶质原料和溶剂原料。辅助原料主要有表面活性剂、香料与香精、色素、防腐剂、抗氧剂、保湿剂和其他特效添加剂。当然,基质原料与辅助原料之间没有绝对的界限,比如月桂醇硫酸钠在香波中是起洗涤作用的基质原料,但在膏霜类化妆品中又作为乳化剂的辅助原料。

1. 护肤化妆品的基质原料

(1)油性原料 油性原料是指油脂和蜡类原料,还有脂肪酸、脂肪醇和酯等,包括天然油质原料与合成油质原料,是化妆品的主要原料之一。天然动植物油脂、蜡的主要成分都是由各种脂肪酸以不同的比例构成的脂肪酸甘油酯。

这些脂肪酸混合比例不同以及生成脂肪酸甘油酯结构的不同而构成了各种不同性质的天然油脂。天然油脂中存在的脂肪酸,几乎全部是含有偶数碳原子的直链单羧基脂肪酸,如果碳氢链上没有双键,就称为饱和脂肪酸,如硬脂酸、棕榈酸等,一般呈固态;如果碳氢链上含有双键,就称为不饱和脂肪酸,如油酸等,一般呈液态。它们的主要成分是高级脂肪酸的甘油酯。

油脂和蜡类应用于化妆品中的主要目的和作用是:油脂类原料在皮肤表面形成疏水性薄膜,赋予皮肤柔软、润滑和光泽,同时防止外部有害物质的侵入和防御来自外界各种因素的侵袭。通过其油溶性溶剂的作用使皮肤表面清洁。寒冷时,可抑制皮肤表面水分的蒸发,防止皮肤开裂。作为特殊成分的溶剂,促进皮肤吸收药物或有效活性成分。作为富脂剂补充皮肤必要的脂肪,从而起到保护皮肤的作用,在按摩皮肤时用可减少摩擦,赋予皮肤以柔软和光泽感。蜡类原料则可作为固化剂提高制品的性能和稳定性,赋予产品摇变性,改善使用感觉。提高液态油的熔点,赋予产品触变性,改善皮肤,使其柔软。由于分子中具有疏水性较强的长链烃,可在皮肤表面形成疏水薄膜,赋予产品光泽,利于产品成型,便于加工操作。油脂或蜡类衍生物,能作乳化辅助剂,抑制油腻感和增加润滑;高级脂肪酸具有乳化作用(与碱或有机胺反应生成表面活性剂)和溶剂作用。酯类是铺展性改良剂、混合剂、溶剂、增塑剂、定香剂、润滑剂和通气性的赋予剂。磷脂则具有表面活性剂作用

（乳化、分散和湿润），传输药物的有效成分，促进皮肤对营养成分的吸收。常用化妆品的油性原料见表 4-1。

表 4-1 常用化妆品的油性原料

种类	说明
动物性油脂	常用的有牛脂、猪脂、水貂油、海龟油、蛋黄油等。这类物质能使皮肤滋润滑爽，是各种膏霜和润肤乳剂等的主要原料
植物性油脂	常用的有大豆油、椰子油、棕榈油、橄榄油、蓖麻油、杏仁油、葵花籽油、花生油、芝麻油、棉籽油、红花油、山茶花油、可可油等，多用于膏、霜、蜜类化妆品，其渗透性较强，是良好的皮肤润滑剂
蜡类	主要是由高级脂肪酸和高级脂肪醇结合而成的蜡。包括棕榈蜡、木蜡、小烛树蜡等植物性蜡和蜂蜡、鲸蜡、羊毛脂及其衍生物羊毛醇等动物性蜡。其中羊毛脂的成分与人的皮肤相似，是化妆品的主要原料
合成酸类和酯类	主要有十六醇、十八醇、单硬脂酸甘油酯、单硬脂酸乙二醇酯、硬脂酸丁酯、棕榈酸异丙酯、肉豆蔻异丙酯、有机硅油等。它们都是膏霜类化妆品的润肤剂

（2）粉质原料 粉质原料是组成香粉、爽身粉、胭脂和牙膏、牙粉等化妆品的基质原料。一般是不溶于水的固体，经研磨呈细粉状，主要起遮盖、滑爽、吸收、吸附及增加摩擦等作用。主要有如下几种：

① 滑石粉 它是粉类制品的主要原料，是白色结晶状细粉末。优质的滑石粉具有薄层结构，并有和云母相似的定向分裂的性质，这种结构使滑石粉具有光泽和滑爽的特性。滑石粉的色泽从洁白到灰色，不溶于水、冷酸或碱。它是天然的硅酸镁化合物，有时含有少量硅酸铝。优质滑石粉具有滑爽和略有黏附于皮肤的性质，可以帮助遮盖皮肤上的小疤。

② 高岭土 也是香粉的主要原料之一，它是白色或接近白色的粉状物质。有良好的吸收性能，黏附于皮肤的性能好，有抑制皮脂分泌及吸收汗液的性质，与滑石粉配合使用，能消除滑石粉的闪光性。其主要的化学成分是天然的硅酸铝。化妆品香粉用的高岭土应该色泽洁白，细致均匀，不含水溶性的酸或碱性物质。

③ 碳酸钙 也是化妆品香粉中应用很广的一种原料。它不溶于水，可溶于酸。具有吸收汗液和皮脂的性质。它是一种白色有光泽的细粉，有除去滑石粉闪光的功效和良好的吸收性，制造粉类制品时用它作为香精混合剂。

④ 硬脂酸锌和硬脂酸镁 色泽洁白、质地细腻，具有油脂般感觉，对于皮肤有良好的黏附性能，均匀涂敷于皮肤上可形成薄膜，用量一般为5%～15%。因此用于化妆品香粉中可增强黏附性。这两种硬脂酸盐选用时必须注意不能带有油脂的酸败臭味，否则会严重影响产品的香气。

⑤ 氧化锌和钛白粉 它们在化妆品香粉中的作用主要是遮盖。氧化锌对皮肤有缓和的干燥作用，15%～25%的用量能具有足够的遮盖力使皮肤不至于干燥；钛白粉的遮盖力极强，但不易与其他粉料混合均匀，最好与氧化锌混合使用，可免此弊。用量可在10%以内。钛白粉对某些香料的氧化变质有催化作用，选用时必须注意。

（3）胶质原料 胶质原料大都是水溶性的高分子化合物，在化妆品中可具有许多重要功能，因此是化妆品的重要原料。化妆品中的水溶性高分子化合物主要分为天然的与合成的两大类。最常见的有：淀粉，在化妆品中作为香粉类制品的一部分，即粉剂原料及胭脂中的胶合剂和增调剂。阿拉伯树胶，它是最早用于化妆品的一种胶黏剂，在化妆品中可作为助乳化剂和增稠剂。在指甲油中常作为成膜剂，在发用制品中作为固发剂，在面膜中作为胶黏剂。羧甲基纤维素钠（CMC），其主要成分是纤维素多羧甲基醚的钠盐，在化妆品中作为胶合剂、增调剂、乳化稳定剂、分散剂等。

（4）溶剂原料　溶剂是液状、浆状及膏状化妆品（如香水、花露水、发水、雪花膏、冷霜）等许多制品配方中不可缺少的主要组成部分。它和配方中的其他成分互相配合，使制品保持一定的物理性能。最常用的是水和醇，它们都是比较好的溶剂，特别是乙醇，它能与水、甘油等以任意比互溶，能溶解许多有机物和无机物，是一种性能优异的溶剂。在化妆品生产中，因其溶解、挥发、灭菌和收敛等特性，广泛用作制造香水、花露水、发露等的主要原料。

2. 护肤辅助原料

使化妆品成型、稳定或赋予化妆品以色香及其他特定作用的主要配合原料称为辅助原料。它在化妆品配方中虽然占比不大，但极为重要。

（1）乳化剂　乳化剂是乳膏类化妆品的重要组分，是各类化妆品普遍应用的原料。基础化妆品是由油和水组成的，乳化剂不仅起到使油水混合而又不分离的增溶作用，对于化妆品的外观、理化性质以及涂用都有很大的影响。很大一部分化妆品，如冷霜、雪花膏、奶液等，是水和油的乳化体，因此乳化剂在化妆品生产中占有相当重要的地位。

乳化体是由两种不完全混合的液体，如水和油，所组成的体系。即由一种液体以球状微粒分布于另一种液体中所成的体系，分散成小球状的液体称为分散相或内相，包围在外面的液体称为连续相或外相。当油是分散相、水是连续相时，称为油/水型乳化体；反之，当水是分散相、油是连续相时，称为水/油型乳化体。乳化剂可以降低液体的界面张力以制得稳定的乳化体。

乳化剂是一种表面活性剂，其分子结构中同时存在亲水性基团和亲油（憎水）性基团。在油水体系中，其亲水性基团溶入水中，而憎水性基团则排斥于水外。由于表面活性剂如此集中于两相的界面，从而降低了界面张力，促进了乳化作用。乳化剂按其化学结构可以分为阳离子、阴离子、两性离子、非离子表面活性剂四种。前两种多半作为去污剂应用于清洁类化妆品，后两种因为对皮肤的刺激性相对较低，所以常被大量用作化妆品的乳化剂。乳化剂的作用，除了可以促进乳化体的形成，提高乳化体的稳定性即具有乳化效能外，还具有控制乳化类型的作用。可根据乳化剂的"亲水亲油平衡值"，即 HLB 值，来控制乳剂是油/水型或水/油型。

（2）保湿剂　保湿剂又称滋润剂，是使产品在储存与使用时能保持湿度，起滋润作用的原料。化妆品中的保湿剂不仅用来保持皮肤角质层中的水分，避免皮肤内天然保湿因子的溢失，适当控制水分挥发，防止膏体干裂，同时也起着化妆品本身水分保留剂的作用，有助于保持整个系统的稳定性，有时也用它们来发挥抑菌作用和香料保留效能。就其化学结构来说，主要有脂肪酸酯、脂肪酸、脂肪醇和有机金属盐等四大类。脂肪酸酯类常用的有脂肪酸乙酯、异丙酯、十六烷基酯和十四烷基酯，聚乙二醇脂肪酸酯或聚丙二醇脂肪酸酯以及甘油三酸酯等。主要用于护肤膏霜和乳蜜类化妆品，它们可以在皮肤上形成一层细腻润滑的膜，并且能够提高其他物质如羊毛脂的渗透力。化妆品中常用的脂肪酸类有硬脂酸或硬脂酸与十六酸的混合物；脂肪醇类常用的是甘油、丙二醇、山梨醇、丁二醇、乙二醇、十六醇和十八醇等；有机金属盐类中最主要的是乳酸钠，它具有很好的吸湿和保湿作用，虽然它的保湿能力比甘油还强，但是由于它有一定的腐蚀性和特殊气味，并且与某些原料互容性差而并不常用。

（3）黏结剂　黏结剂是使固体粉质原料黏合成型，或使含有固体粉质原材的膏状产品悬浮稳定的辅助原料，在液体或乳化产品中这类原料还被用作增稠剂。黏结剂对膏霜类半固体化妆品起增稠或凝胶化作用，对乳液和蜜类半流体的化妆品起增黏作用，从而增加对皮肤的亲和力以及滋润感觉。也用于胶状面膜。常用的黏结剂或增稠剂通常是天然或合成的树胶类产品。常见的品种有明胶、淀粉、植物性胶质、海藻、甲基纤维素、乙基纤维素、羧甲基纤维素、羧乙基纤维素和聚氧乙烯等等。

（4）着色剂　化妆品中所用的着色剂大致可以分为有机合成色素、无机颜料以及动植物性天然色素。在19世纪前，化妆品用色素大多从天然的动植物体内得到。随着有机化学的发展，有机合成色素开始出现，到20世纪末，由于它具有色彩鲜艳、价格便宜等优点而得到迅速的发展，目前已合数千种之多。有机合成色素常用的是偶氮染料。化妆水和乳液的着色多用水溶性偶氮染料，油性偶氮染料则常用于膏霜和油性化妆品的着色。无机颜料中的白色颜料如锌白和二氧化钛多用来制造具有遮盖性的化妆品。用于化妆品的无机颜料有氧化锌、二氧化钛、氧化铁、炭黑等，虽然其色泽的鲜艳程度和着色力不如有机颜料，颜色数量也比较少，而且色调上具有特殊的暗色，但它的耐光性能好，且不易引起皮肤过敏，因此在底霜粉饼和眼部化妆品中使用较多。从安全性考虑，氧化铁、炭黑等用于眼部化妆品中是很普遍的。天然色素是指那些取自动物或植物的色素，它的着色力、耐光和耐热性能都不如有机合成色素，已经被大部分有机合成色素所代替，仅某些普遍和稳定的天然色素用于化妆品中。但近年来由于人们保健意识的提高，追求自然成为时尚，天然染料受到重视。化妆品中常用的天然色素主要有 β-叶红素、β-胡萝卜素、胭脂虫红和红花苷等。

（5）香料　香料是一种具有使人感到愉快香气的物质，按其来源大致可分为天然香料和合成香料两大类。天然香料又可分为动物香料和植物香料。而香精是由数种、数十种香料按一定比例调配混合而成的，因此，香料是香精的主要原料。

合成香料通常包括两类，其一是单离香料，它一般是指从天然香料中，用物理化学的方法分离出的一种或数种化合物，其往往是精油的主要成分，且具有所代表的香味，此类化合物称为单离香料。其二是合成香料，它是指通过化学合成方法制得的香料。合成香料不仅弥补了天然香料的许多不足，且品种不断增加，已成为香料工业的主导。这一类包括：香叶醇、β-苯乙醇、柠檬醛、香兰素、香芹酮、α-紫罗兰酮、丁子香酚及二甲苯麝香等。合成香料的品种很多，香味与天然的十分相似，但是从它们的化学结构上来看，大都是下列物质之一，即醇、酯、醛、酮、酚以及含氮化合物。如按其香型可分作玫瑰香型、茉莉香型、铃兰型、木香型、动物香型、百花型香料等等。

天然香料还分为动物性和植物性香料两种，动物性香料有麝香、海狸香、灵猫香、龙涎香等，它们都是一些名贵的动物香料，是调制高级香料不可缺少的成分；植物性香料是

生活中的化学

人类最早发现和使用最多的香料,其用途极广,如玫瑰、桉叶、香樟木、肉桂、柠檬、茴香、安息香香树脂、百里香等,这类香料是由植物的花、叶、枝干、皮、果皮、种子、树脂、草类等提取而得到。其提取物为具有芳香性的油类物质,称为"精油"。植物性精油绝大多数是供调配香精使用。目前天然香料供不应求,随着化学合成技术的飞速发展,人们对于合成香料的应用越来越多。但是,天然香料因其特有的性能,还不能完全被合成香料所代替。

(6)防腐剂 由于化妆品内常含有水分、蛋白质、维生素、油脂、胶质、多元醇和其他营养物质,为微生物生长创造了良好条件,极其容易滋生微生物,当繁殖到一定量后,会使乳剂分离、变色和产生不愉快气味,也可刺激皮肤,损害皮肤。为了抑制化妆品中细菌、霉菌类的污染和繁殖以及避免消费者在使用时造成再次污染,必须在化妆品中加入一定数量的防腐剂,尤其是产品中有动植物营养原料时,更应特别加以注意。用作化妆品防腐剂的要求是不影响产品的色泽、无气味,在用量范围内应无毒性并对皮肤无刺激性,不影响产品黏度和 pH。化妆品中常用的防腐剂有醇类(乙醇、异丙醇、二元醇、三元醇),酸类(水杨酸、安息香酸、山梨酸),酚类(对氯代苯酚、对氯代间甲酚、邻苯基苯酚、对羟基苯甲酸酯),酰胺类(3,4,4-三氯代-N-碳酰苯胺、3-氟甲基-4,4-二氯代-N-碳酰苯胺),季铵盐类(烷基三甲基氯化铵、烷基溴化喹啉、十六烷基氯化吡啶)以及某些香料(丁香酚、香兰素、柠檬醛、玫瑰醇、香叶醇、橙叶醇)。

(7)抗氧剂 许多化妆品含有油脂成分,尤其是不饱和油脂的化妆品在长期储存或使用后期,因会受到空气、水分、日光等因素的影响使油脂氧化酸败,致使化妆品变质。因此在这类化妆品的生产过程中,必须添加防止产品氧化酸败的原料,这种原料称为抗氧剂。常用的抗氧化剂大致可以分为苯酚系、胺系、醌系、酯类、有机酸以及某些无机酸及其盐类。主要有:二丁基羟基甲苯、丁基羟基茴香醚、去甲二氢愈创木酸、五倍子酸丙酯和生育酚(维生素 E)等。

(8)酸、碱、盐类物质 化妆品中还经常加入酸、碱、盐类物质,用以调整产品的 pH 值。常用的酸性物质有酒石酸、水杨酸、橡胶酸、硼酸;碱性物质有氢氧化钾、氢氧化钠、碳酸氢钠、氨水、乙醇胺等;盐类有硫酸锌、硫酸铝钾(明矾)、氯化锌等。

(9)常见的特殊添加剂 随着经济和文化水平的不断发展,保健意识的日益提高,人们对于化妆品的要求早已由单纯的修饰美化外表,发展到重视营养、改善肤质、延缓衰老,追求回归自然。适应这一趋势,护肤化妆品中各种各样含有营养成分或生物活性物质的天然添加剂层出不穷,目的在于使化妆品具备某些营养、保健或治疗效果。常见的特殊添加剂如表 4-2 所示。

表 4-2 常见的特殊添加剂

名称	作用
水解明胶	保湿作用良好,是抗御皮肤衰老,防止皮肤干裂的安全、优质添加剂
透明质酸	保护皮肤角质层中的水分,使皮肤柔软、光滑,防止粗糙,延缓衰老
超氧化物歧化酶(SOD)	清除细胞内氧自由基的抗氧化酶,保持皮肤正常的新陈代谢,使皮肤细嫩、柔润、光滑

名称	作用
蜂产品	优良的皮肤保湿剂，防治老年斑、减少皱纹和润泽皮肤，有止痒、抗菌、消炎和增进细胞代谢的功效
花粉	补血，增强免疫力，延缓衰老，改善皮肤细胞新陈代谢，滋润皮肤、消除色素沉着和老年斑
珍珠粉	使皮肤滋润滑爽，缓解皱纹、增加皮肤弹性、防止雀斑和粉刺

3. 唇膏的基质和添加剂

唇膏的基质成分是油脂和蜡，常用的有蓖麻油、椰子油、羊毛脂、可可脂、树蜡、蜂蜡、鲸蜡、地蜡、微晶蜡、固体石蜡、液体石蜡、卡拉巴蜡、凡士林、棕榈酸异丙酯、肉豆蔻酸异丙酯、羊毛酸异丙酯、乳酸十六醇酯等。唇膏中经常加入许多辅助原料，天然珠光颜料，如鱼鳞的鸟嘌呤晶体，价格十分昂贵，较少采用，目前多采用合成珠光颜料氧氯化铋。此外，在唇膏中还常加入一些对嘴唇有保护作用的辅助原料，如乙酰化羊毛醇、泛醇、磷脂、维生素 A、维生素 D_2、维生素 E 等。由于香料可能带来不良反应，所以唇膏中很少加入香料。着色剂是唇膏用量很大的原料。最常用的是溴酸红染料，又称曙红染料，是溴化荧光素类染料的总称，有二溴荧光素、四溴荧光素、四溴四氧荧光素等多种。常用于唇膏的颜料有有机颜料、无机颜料、色淀颜料等。

4. 眼部用化妆品基质和添加剂

眼影用品的组成除液体石蜡、羊毛脂衍生物、凡士林、滑石粉等基质外，多半还加入珍珠粉、微晶蜡、二氧化钛、颜料、香料等。眼线笔是将颜料用油性基剂固化制成铅笔芯状。油性眼线液是将着色剂和蜡溶解在容易挥发的油性溶剂中制成；水性眼线液是把含有着色剂的醋酸乙烯、丙烯酸系树脂在水中乳化制成。睫毛膏是在蜡和油脂中加入着色剂，然后用三乙醇胺皂固化而成；油性睫毛油是在具有挥发性的异构石蜡中溶进含有着色剂的蜡；乳化型的睫毛油则是把含炭黑等着色剂的丙烯酸树脂、醋酸乙烯乳化制成。眉笔多半是把炭黑和黑色氧化铁固化制成笔芯使用。眼部用化妆品的着色剂主要有无机颜料，如氧化铁黑和氧化铁蓝等，以及有机色淀和珠光颜料。其他原料有滑石粉、云母粉、硬脂酸、甘油单硬脂酸酯、蜂蜡、地蜡、硅酸铝镁、表面活性剂、高分子聚合物等。

5. 指甲用化妆品基质和添加剂

指甲抛光剂的主要成分有氧化锡、滑石粉、硅粉、高岭土等一些脂肪酸酯和香料。为赋予色彩，一般还加入一些颜料。产品有粉末、膏状、液体等不同类型。早期脱膜剂的主要成分多是氢氧化钾或氢氧化钠的低浓度溶液，近年倾向于采用磷酸铵或胺之类的弱碱性物质，有些是由三乙醇胺、甘油和精制水等配制的。指甲增强剂内含有蛋白、胶原和尼龙醋酸盐等水溶性金属盐类收敛剂，也有用二羟基硫脲作增强剂的指甲油的主要成分有硝化纤维素，作为成膜剂，加入树脂类以增加硝化纤维素膜的光亮度和附着力，为使指甲油膜柔韧、持久，常用柠檬酸酯类作增塑剂，使用能够溶解硝化纤维素和树脂等成分，并且具有适宜挥发速度的多种混合的有机溶剂，此外为了使指甲油增加色泽，还常添加色素和珠光颜料。

6. 美发用化妆品基质和添加剂

护发水中常用的添加剂有水杨酸和间苯二酚，它的作用是去除头皮屑和止痒。此外，具有生发功效的还有辣椒酊、生姜酊、香奎宁、何首乌、白藓皮、茜草科生物碱等。生发剂中还常添加雌激素，它能使头皮血管扩张，促进头发生长。另外，杀菌剂以及保湿剂如甘油、丙二醇、山梨醇等也是常用的添加物质。头油中一般都添加适量的抗氧化剂和防腐剂。常用的合成型半持久染发剂的染料有芳香胺类、氨基苯酚类、氨基蒽醌类、萘醌类、偶氮染料类。金属盐类染发剂一般仅附着在头发表面，不能进入头发内层。金属盐类染发剂大多是铅盐或银盐，少数用铋盐、铜盐或铁盐，如醋酸铅、硝酸银和柠檬酸铋等。将其水溶液涂染于头发上，在光线和空气的作用下，成为不溶性硫化物或氧化物沉积在头发上。染发剂所用的原料、成分浓度、作用时间不同，头发产生的色泽也不一样，铅盐可使灰白头发产生黄、褐乃至黑色色泽，银盐会产生金黄到黑色色泽，铋盐产生黄色到棕褐色的色泽。

三、化妆品的危害

化妆品引起的不良反应有的是由于化妆品本身造成的，有的则和使用化妆品的人自身素质关系密切。另外，使用者没有按照产品说明书正确地使用也是引起不良反应的重要原因。如今，化妆品已经成为人们生活中不可缺少的日用化学品。它们直接抹搽在皮肤表面，而且是长期地反复接触。由于使用劣质化妆品或因对化妆品的选择和使用不当而引起的种种不良反应或对健康危害的事例屡见不鲜。

1. 不良反应

（1）皮炎类反应 皮炎类反应是化妆品不良反应中最为多见的一种，患化妆性皮炎的人，一般属于敏感体质。由于生产化妆品的原料对皮肤产生刺激，使皮肤细胞产生抗体，导致过敏，引起炎症。另外如果化妆品内重金属超标，以及使用过期变质的化妆品，也会引起炎症。

常见的有化妆品接触性皮炎、光毒性接触性皮炎和依赖性皮炎，是在涂搽的局部产生的炎症反应，临床上又分为刺激性接触性皮炎（原发刺激性接触性皮炎）和变态反应性接触性皮炎，即过敏性接触性皮炎。原发刺激性接触性皮炎是皮肤接触化妆品后，在很短的时间内发病，它是由化妆品含有的某些成分直接刺激造成的。目前，化妆品的生产技术不断发展提高，化妆品中的刺激性物质也逐渐减少，所以，这类皮炎已较少见。过敏性接触性皮炎在化妆品的不良反应中是很常见的，属于迟发型变态反应，它的产生原因除了化妆品中含有某种容易引起过敏反应的物质外，主要与使用人的个体素质有关。激素依赖性皮炎是由于长期反复使用，形成了依赖性、成瘾性，不搽便觉得不舒服，皮肤就出现红、肿、痒、痛等症状。近年来，因发病呈逐年上升趋势，且又顽固难治愈，已成为医学专家们关注的焦点。

（2）非皮炎类反应　非皮炎类反应的表现多种多样，其中常见的是痤疮，它是长期使用某一种化妆品，特别是使用脂类化妆品后，脸上出现与毛囊一致的丘疹或脓疱。色素沉着也是常见的化妆品不良反应，它是在长期搽用某种化妆品后脸上出现的褐色或是灰褐色的色素斑，有的甚至可以发展为黑变病。此外还有接触性荨麻疹，局部皮肤皲裂、化脓等。另外，据相关动物实验证明，化妆品的某些成分，如某些合成香料、合成色素能够明显地损伤细胞 DNA，具有致突变性或致癌性。有些色素虽然本身没有致癌性，但是经过光线照射后，却有可能变为具有致癌性的物质。

（3）体内的过量蓄积　某些化妆品中有毒物质含量可能过多，其中有些能够经皮或是无意之中经口吸收，从而造成在体内过量蓄积，如劣质化妆品所含的汞盐、铅盐、苯胺类、亚硝胺类。搽用这种化妆品者的发铅值明显高于对照人群。值得注意的是，某些化妆品原料本身毒性并不大，但它所含有的杂质和中间体却常常会对皮肤产生刺激。另外，化妆品所用的某些表面活性剂、防腐剂、收敛剂、抗氧化剂等也可引起皮肤损害。有些原料本身即是强致敏原，如羊毛脂、丙二醇，可以引起变态反应性接触性皮炎。焦油色素中的苏丹Ⅱ、甲苯胺红，防腐剂中的对位酚、六氯酚、双硫酚醇以及次氯氟苯脲等都是致敏的主要成分。香料也是常见的致敏原，可以引起皮肤瘙痒、湿疹、荨麻疹、光感性皮炎等多种病损。

2. 正确选用化妆品

（1）了解皮肤的类型　为了使化妆品得以发挥护肤作用，防止产生副作用，须对个人皮肤的类型和性质有所了解。人的皮肤有油性皮肤、中性皮肤、干性皮肤和复合性皮肤之分，它们各具特点，在护理皮肤和选用化妆品时应该加以注意。

油性皮肤的人皮脂分泌旺盛，皮肤多脂，呈油腻状，特别是在面部和 T 型区常见油光，不施油性化妆品用面巾纸轻轻擦拭前额和鼻翼，纸巾上即可见到大片油迹。这种皮肤比较粗糙，毛孔和皮脂腺孔粗大，易受感染，所以很容易发生粉刺、痤疮和毛囊炎。这种皮肤附着力差，化妆后容易掉妆。

中性皮肤平滑细腻且有光泽，毛孔较细，富有弹性，油脂和水分适中，化妆后不易掉妆。这种皮肤多见于少女。皮肤的季节性变化比较大，夏季偏油，冬季偏干，年纪稍大往往容易变成干性皮肤。

干性皮肤上毛孔不明显，皮肤一般比较薄，而且干燥，缺少光泽，皮肤附着力强，化妆后不易掉妆，但是干性皮肤经受不住外界刺激，受刺激后皮肤发红，甚至有痛感，易生皱纹和脱屑。

复合性皮肤表现为同时具有两种不同性质的皮肤，如有的人前额中央、鼻翼，或嘴周围及下颏，也就是颜面的中间区域是油性皮肤，毛孔粗大，皮脂较多，其余部位呈现中性或干性皮肤的特征。

（2）使用化妆品的注意事项　化妆品几乎人人在用，但对于使用化妆品应该加以注意的问题并不是人人都有所了解。为了防止使用化妆品带来的危害，所用的化妆品应该是符合化妆品卫生标准的合格化妆品。要尽可能了解化妆品，弄清楚它的基本成分和性能，以及适合于哪些人使用。如果用后出现了轻微、短暂的反应如局部发痒、刺痛等，应该立刻停止使用该化妆品。在换用另一种或另一个牌号的化妆品时，应该先进行斑贴试验。患有全身性疾病时不要化妆，面部、口唇、眼疾尚未治愈之前，应该停止颜面、口唇和眼部的化妆。怀孕期间应该慎用化妆品。使用化妆品时，一定要小心防止某种化妆品进入不能耐受该化妆品的器官或组织，如睫毛油不能涂进眼皮内，更不可沾染角膜。晚上必须卸妆，不能带妆入睡，否则不仅妨碍皮肤的新陈代谢，而且会抑制皮肤的呼吸和排泄，容易导致产生皮肤病。使用化妆品还应该注意化妆品的保存，要防止它变质、变性，否则，使用变质的化妆品必然会导致皮肤的损害。

学会鉴别化妆品质量的优劣。防止化妆品使用中的二次污染是预防感染的重要一环。虽说化妆品在生产时已经杀菌或加入了防腐剂，但是对防腐剂产生抗药性的微生物进入化妆品，或是微生物的污染量大，防腐剂的浓度已起不到抑制其生长的作用，都会使微生物繁殖。所以在使用时必须注意卫生，有的人打开化妆品的盖子之后，敞口放置，任凭微生物随时进入。未曾洗净的手指伸进膏霜中沾了就用，挖或倒在手掌上多余的膏、霜、乳液用后又返回原瓶，使用不洁的粉扑扑脸，用脏的海绵、毛刷涂抹眼部化妆品，等等，都给微生物或致病菌对化妆品的污染造成了良好的机会。为防止或减少化妆品二次污染，避免发生由化妆品所致皮肤感染，必须改正上述这些不卫生的使用习惯。

加强化妆品卫生知识的宣传教育很有必要。让广大消费者懂得化妆品容易滋生微生物的道理，提高使用者的自我保护意识，指导消费者正确使用化妆品，特别是化妆品的适度施用，让人们了解化浓妆极其容易损伤皮肤，会使皮肤的自然防御功能下降。皮肤出现感染，初起时浅表的可以自行涂用如 1%龙胆紫溶液、3.5%碘酊、金霉素软膏、洗必泰软膏以及连翘膏之类的外用药，已经感染化脓就不宜自己用药，需及时请医生诊治。另外，出现化妆性皮炎的人，应注意防晒、防冻，要多吃富含维生素 C 的食物并保证充足的睡眠。必要时可服维生素 E、维生素 B_6，帮助修复受损皮肤。如果症状严重，一定要到正规医院皮肤科治疗。

第二节
服饰品与化学

服饰是衣着配饰的概括称谓。它包含的范围非常广泛，人们在生活中穿、戴、拿着的东西，都在此范围内，如：头巾、头饰、领巾、服装、首饰、表、伞、扇子、鞋、包、眼镜等等。当然，服饰中最主要的还是服装。服装与人体的接触最密切。随着科学的发展，服装被赋予了新的作用。经过一些特殊处理后，服饰可具有某些特殊功能，如：各种保健服、鞋、磁疗项链、特殊用途的服装，等等。

一、服饰品的概述与分类

1. 服装

服装在人类社会发展的早期就已出现，当时古人将一些材料做成粗陋的"衣服"，穿在身上。人类最初的衣服多用兽皮，而裹身的最早"织物"是用麻和草等纤维制成。现代社会，服装已经是遮体、装饰的生活必需品，不仅仅为穿，还是一个身份、一种生活态度、一个展示个人魅力的表现。

俗话说得好，"人靠衣服马靠鞍"，一个人的衣着是很重要的，它不仅起到遮护身体、挡风御寒等最基本的作用，同时还可美化生活，兼而反映出一个人的修养和气质。这就是服装所具有的两个功能：自然功能和社会功能。我们日常穿着的服装主要发挥这两种功能。

通常我们将服装按照不同标准进行以下分类。

（1）根据服装功能需要分类

保护服装——根据大自然的启示而设计的服装。如根据萤火虫的启示，为保障登山、探险、野外考察人员在夜间或黑暗环境中的安全而研制的发光服；穿着后衣服的颜色可随着环境变化而变色的变色服，可以起隐蔽、伪装和保护的作用；由特殊纤维制成的，可随气温变化而自动调温的调温服，带有制冷监控装置，可将人体散发的热量吸附到热交换器中；起到保温和防毒双重作用的防毒服；在衣服的表面覆盖一层药膜的防蚊服，可在很短的时间内杀死接触药膜的蚊蝇，这种服装适合于在野外环境中工作的人员。此外还有除异味的防臭衣、不怕火烧可漂在水中的防水火衣、阻挡紫外线的防紫外线服、随温度变化而变换颜色的幻影衣等；从事特殊作业的人员也有自己特殊的保护服装，潜水员穿的潜水服，消防人员、炉前工的耐高温工作服，飞行员和宇航员穿的特制的飞行服和宇航服，等等，都为从事特殊职业的人员提供了特殊保护。

保健服装——根据对疾病的预防和治疗设计的服装。比如：心脏起搏背心是一种特为心脏病患者而设计的背心，可在心脏病患者发病时增加心脏重新起跳的可能性。急救衫是由微电脑控制的具有急救功能的贴身衫，它操作方便，只要用手一按，开动操纵器，急救衫就会开始工作，为抢救赢得时间。保健服是在衣料中加入经过处理的中药、植物香料与茶叶，起到吸汗与治病的保健作用，加入的中药不同，治疗的疾病也不同。磁疗服是在衣服的不同部位附上磁铁，从而对人体响应的部位不断进行磁疗，起到治疗作用。此外，防辐射衬衫、远红外保健服、可控制 pH 值的保健服等都有自己的特殊功能，发挥着不同的保健作用。

运动服装——根据各项运动不同的特点并选用不同的材料设计的服装。它可以提高运动速度、运动技能、防护性能等,有游泳服、登山服、田径运动服、体操服、球类运动服等。

具有特殊功能的服装——通过对衣料进行特殊处理后制作的服装。它可使服装具有某些特殊功能,如抗皱、防雨、防蛀、保暖等。

生态服装和环保服装——生态服装日益受到人们的重视。它所使用的原材料来自不用农药的棉花(或有色棉花),而且在生产过程中不添加任何化学原料。环保服装则是利用回收的废弃物,经过再加工制成服装面料以及鞋帽。前者由于全部使用天然材料,因而对人体无害;后者则在提供精美服装的同时,减少了环境污染,增强了人们的环保意识。

(2)根据服装的基本形态分类 体形型——符合人体形状、结构的服装,起源于寒带地区。这类服装的一般穿着形式分为上装与下装两部分。上装与人体胸围、项颈、手臂的形态相适应;下装则符合腰、臀、腿的形状,以裤型、裙型为主。裁剪、缝制较为严谨,注重服装的轮廓造型和主体效果。如西服类多为体形型。

样式型——以宽松、舒展、新颖为特点的服装,起源于热带地区的一种服装样式。这种服装不拘泥于人体的形态,较为自由随意,裁剪与缝制工艺以简单的平面效果为主。

混合型——体形型,样式型综合,兼有两者的特点,剪裁采用简单的平面结构,但以人体为中心,基本的形状为长方形,如中国旗袍、日本和服等。

2. 饰品

"爱美之心,人皆有之。"无论环境怎样,不分性别,只要条件容许,人们都要对自己加以修饰。随着人们生活水平不断提高,丰富的物质为满足人们对美的追求提供了保障,人们已十分重视服装与饰物的协调,会根据自己的年龄、季节、出席的场所决定穿着的服装及佩戴的饰物,而且饰物也随着时装流行趋势的变化而变化,使许多造型优美、质料高档的饰物都出现在了人们的服装上。这也反映出人们的审美心理和要求随着时代的进步而发生了变化。

饰品包括的范围很广,除首饰外,所有用于装饰性的物品,像围巾、领带、手表、眼镜、伞、包、手帕等,都属饰品的范畴。首饰根据原料可分为珠宝玉石首饰和金属首饰;鞋(避雷鞋、防臭鞋、磁疗鞋等)、袜(营养袜裤、按摩健康袜、凉爽袜等)、帽(防噪声帽、按摩帽、电扇帽等)、手套(保温手套、防热手套、放电手套、按摩手套等)在经过特殊处理后,都可具有特殊功能。

饰品主要有三个作用:①功能性作用。比如围巾、帽子、手套等可以御寒,眼镜用来矫正视力,手表告诉我们时间等。②装饰作用。饰品可以遮掩某些缺陷,起到美化的作用,如帽子、假发等。③保健作用。有的饰品经过处理后,可以发挥保健作用,最常见的有磁疗项链、除汗鞋垫等。据报道,一些欧美国家在研制具有保健作用的饰品方面做了很多工作。如加拿大研制出的体温戒指,既小巧不易打碎,又便于及时测体温。美国研制的磁性耳环,既能避免穿耳孔易引发感染的问题,又对患有一般贫血的妇女有益。英国研制的催眠眼镜，平时护目，睡时挡光，并发出催眠信号催人入睡，同时还有助于对神经系统疾病的治疗。此外还有装有个人病历的病历项链等。

二、服饰品的原料和作用

1. 服装原料

服装原料具体来说就是纤维。众多种类的纤维其性质各不相同。有的纤维吸湿性能很差，就是俗话说的不吸汗，做成的服装穿上后感觉闷热，易带静电、易脏。有的纤维弹性好，做成的服装穿上后不易起皱。服装用纤维应当具有一定的强度和细度，满足加工工业方面的要求。尽管纤维种类很多，但基本可分为两大类：天然纤维和化学纤维。

天然纤维有植物纤维、动物纤维和矿物纤维。我们大家熟悉的棉、丝、毛等都是天然纤维。天然纤维具有良好的吸湿性，手感好，穿着舒适，但下水后会产生收缩现象，易起皱。经太阳光的作用，质地会变脆，颜色发黄，强力下降，使用寿命减少。

化学纤维是利用天然高分子物质或简单的化学物质，经过一系列化学加工，使之成为可以使用的纤维，如我们常见的人造棉、人造丝、涤纶、锦纶、丙纶等。化学纤维又分为人造纤维和合成纤维。人造纤维吸水性大、染色好、手感柔软，但易起皱，易变形，不耐磨。合成纤维强度高，耐磨，但吸水性小。

2. 首饰原料

首饰根据原料可分为珠宝玉石首饰和金属首饰。

珠宝玉石首饰的主要原料有：金刚石、刚玉类宝石、石英类宝石、金绿宝石（猫眼）、绿柱石（祖母绿）、翡翠、玉石、珍珠、玛瑙等。

金属首饰根据原料可分为贵金属首饰，有金、银、白金等；仿金首饰，原料有亚金、德银。亚金的主要成分是铜；德银也是铜基合金材料，内含镍。其他可制作首饰的原料还有塑料、玻璃、骨、木、象牙等。饰品所用原料主要有纺织品、金属和皮革。金属用来制作手表、眼镜等物；皮革用来制作表带、皮带等。

三、服饰品的危害、防护和储存

1. 服装中的有害物质

人们为了使服装挺括、不起皱或防霉防蛀，通常在纺织品的生产过程中添加各种化学品,使其满足人们的需要。在服装的存放、干洗时,也会使用一些化学物品。如不加注意,这些化学品就可能会对人体产生危害。

(1) 纤维整理剂 多为甲醛的羧甲基化合物。常用的有尿素甲醛(UF)、三聚氰胺甲醛(MF)、二羟甲基乙烯脲(DMEF)等等。其他还有乙烯类聚合物或共聚物、丙烯酸酯、脂肪酸衍生物、纤维素衍生物、聚氨酯以及淀粉类等。纤维经过整理后可起到防缩抗皱的作用,克服了弹性差、易变形、易折皱等缺点。制成的服装挺括、漂亮。然而,由于上述整理剂多为甲醛的羧甲基化合物,整理过的纺织品在仓库储存、商店陈列,甚至再次加工和穿着过程中受温热作用,会不同程度地释放甲醛。甲醛是一种中等毒性的化学物质,对人眼、皮肤、鼻黏膜有刺激作用,严重者可引起炎症,可诱发突变,对生殖也有影响,已被定为可疑致癌物。由于甲醛对人体健康有害,因此很多国家对此非常重视,明确限定了甲醛的使用量。国内外都在致力于研究无甲醛的纤维整理技术。

(2) 防火阻燃剂 其目的是使纤维变为难燃纤维,起到防火的作用,主要是含磷、氯(溴)、氮、锑等元素的化合物。防火阻燃剂又分暂时性和耐久性防火剂两种。暂时性防火剂被纤维吸附,经不起洗涤,易脱落,代表性物质有磷酸铵、多磷酸氨基甲酸酯和硼砂。耐久性防火剂可经数十次乃至上百次的洗涤,多为有机磷酸酯类等有机磷化合物。这类物质或与纤维起反应,或嵌入纤维以达到防火阻燃的作用,因而较耐久。我国一般使用硼砂类阻燃剂、含磷阻燃剂及四羟甲基氧化磷。在以上这些阻燃剂里,已发现有几种物质毒性较大,已被某些国家明令限制使用,如:APO、TDBPP、Tris-BP、BOBPP等。动物实验证明 APO 经口经皮毒性都很强,对造血系统有特异性毒副作用,类似射线效应。TDBPP 为动物致癌物。Tris-BP 对肾、睾丸、胃、肝等器官,特别是生殖系统都有一定的毒性,并有致突和致癌作用。BOBPP 中某些化合物有致突性和致癌性。美国、日本等国已在某类产品(婴儿服装及用品)中或全部服装产品中禁止使用以上物质。

(3) 防霉防菌剂 在适宜的基质、水分、温度、湿度、氧气等条件下,微生物能在纺织品上生长和繁殖。天然纤维纺织品比合成纤维纺织品更易受到微生物的侵害,一方面使纺织品受到直接侵蚀,强度或弹性下降,严重时会变糟、变脆而失去使用价值;另一方面其活动产物会造成纺织品变色,使其外观变差,同时产生难闻气味,还会刺激皮肤发炎。因此,为防止微生物的侵害,往往对纺织品做特殊处理,使之具有防霉防蛀的功能,一般会加入药剂。专用于纺织品杀菌、防菌、防感染的物质多数为金属铜、锡、锌、汞、镉等的有机化合物,苯酚类化合物和季铵类化合物等。常用的有含铜化合物(单宁铜络合物、8-羟基喹啉铜、碱式碳酸铜),苯基醚系抗霉抗菌剂[5-氯-2-(2,4-二氯基氧基)苯酚],有机锡化合物(三丁基锡、三苯基锡),季铵氯化物(氯化苄烷铵),有机汞化合物等。其中有机锡化合物(三丁基锡、三苯基锡)由于毒性较强,容易被皮肤吸收,产生刺激性,并损害生殖系统,已被有的国家明令禁止或限制使用。有机汞化合物、苯酚类化合物对机体也均有危害。

羊毛制品常易发生虫蛀,因为蛀虫产卵育出的幼虫以蛋白质为食物,而羊毛纤维正是由蛋白质分子组成的,因此,为提高羊毛纤维的防蛀能力,或使羊毛本身的蛋白质发生变性,不易被虫蛀,成为具有防蛀功能的防蛀纤维,可以使用防蛀剂抵抗虫蛀。防蛀剂 FF、狄氏剂等氯系化合物常用于西服、围巾、毛毯等羊毛制品。狄氏剂由于具有很强的慢性毒性和蓄积性，对肝功能和中枢神经有损害，日本等国家已规定在纺织品中不得使用或限制使用。

（4）杀菌剂　我们通常在衣箱、衣柜内会放置一些杀虫剂，直接杀死蛀虫。对二氯苯、萘、樟脑、拟除虫菊酯类、薄荷脑等制成的卫生球、熏衣饼等杀虫剂都是利用挥发出的气味使蛀虫窒息死亡。然而，这些化学物质或多或少都有毒性。萘的慢性毒性很强，并可能引起癌症，已被禁止使用；樟脑具有致突性；拟除虫菊酯类化合物的毒性一般均较低，未见致癌、致突、致畸作用，但可引起神经行为功能的改变，对中枢神经系统有影响，并会导致皮肤感觉异常；对二氯苯蒸气可引起中枢神经系统抑制，黏膜刺激，为动物致痛物。

（5）染料　从整体来说，染料的发色功能团主要有偶氮、蒽醌等。偶氮类染料的中间体主要是苯系和萘系。我们知道，苯系中最有害的物质是苯，它可引发白血病。而萘系有很强的慢性毒性，可能诱发癌症。另外，偶氮类染料往往是皮肤致敏源。皮肤对苯偶氮染料的反应较轻，对含磺化基和羟基的偶氮染料反应较重。像 2,5-双氯苯胲，一种由萘酚 As-G 加坚牢猩红盐 GG 染色生成的物质，有报道它可使人产生接触性皮炎。萘酚 As 可引起色素沉着性皮炎。大多数染料经过处理后，对人体不会产生危害。

2. 服饰品的常见危害

（1）服装对人体造成的危害　服装对人体造成的危害表现主要以接触后引发的局部损害为常见，严重者也可有全身症状。局部损害则以接触性皮炎为主。

刺激性接触性皮炎——皮损仅在接触部位可见，界限明显。急性皮炎可见红斑、水肿、丘疹，或在水肿性红斑基础上密布丘疹、水疱或大疱，并可有糜烂、渗液、结痂，自觉烧灼或瘙痒。慢性者则有不同程度的浸润、脱屑或皲裂。发病的快慢和反应程度与刺激物的性质、浓度、接触方式及作用时间有密切关系。高浓度强刺激可立即出现反应，低浓度弱刺激则需反复接触后才可能出现皮损。易治愈，接触后可再发。

变态反应性接触性皮炎——皮损表现与接触性皮炎相似，但以湿疹常见，自觉瘙痒。慢性患者的皮肤有增厚或苔藓样改变。皮损初见接触部位，界限有时不清楚，并可扩散至其他部位，甚至全身。病程较长，短者数星期；若未得到及时治疗，长者可达数月甚至数年。潜伏期约 5～14 天或更长。致敏后再接触常在 24h 内发病，反应强度取决于致敏物的致敏强度和个体素质。高度致敏者一旦发病，闻到气味也可导致发病，且可愈发严重。但也有逐渐适应而不发病的。

（2）饰品可能带来的危害　佩戴饰品可能会引起局部反应，多见于女性。往往是由于佩戴，金属制首饰，如耳环、项链、手镯等，使直接接触部位的皮肤发生损害，多为变态反应性接触性皮炎。据专家分析，这是由金属中含有的某些元素（镍、铬）所致，即使镀了金或银也不能阻止镍的释放。也有佩戴真金首饰发生过敏的，这是因为耳垂穿孔使皮肤损伤，增加了对金的敏感性，直接接触后使得少量金进入组织液中，引起非特异性炎症。有关人士认为：表带引发皮炎的原因，如果是皮表带，可能是表带上的染料所致；如为金属表带，考虑与其所含的镍、铬有关。皮炎表现多为变态反应性接触性皮炎。

3. 服装的防护与储存

（1）防护措施　我们应对在日常生活中接触到的化学物质有所了解，尽量穿着天然纺织品制作的服装，避免使用或接触有害物质，加强防护意识。有些物品，如经防虫剂处理过的衣服、床上用品等等，与人体接触时，防虫剂等化学物就可能被汗水溶解，小孩若舔食这类物品就会受到危害。不过我们也不必草木皆兵，应该相信，只要我们用前认真阅读使用说明，掌握正确的使用方法，同时不要买不合格产品，如没有使用说明或没有标明注意事项的产品，就会保护我们自己免遭危害。如果发现问题不要惊慌，要及时去医院治疗。只要治疗及时，一般不会造成严重危害。

当然，最好是从根本上加以控制，必须从法制入手，制定一系列的法律法规。美国 1972 年制定了《消费生活用品安全法》，加拿大 1969 年制定了《危险物法》，英国的《消费者安全法》，德国的《食品家庭用品法》，瑞典的《危害人健康和环境的有关制品法》，日本的《含有害物质家庭用品控制法》等都对在衣料生产、加工过程中一些化学物质的使用及浓度作了明确规定。这些法律和法规为防止中毒事故的发生，保护消费者的安全起到了很大的作用。目前我国也已对日用化学品的危害给予了高度重视，正在制定相应的法律法规，以保护人民群众的身体健康，同时可与国际接轨，提高商品的国际市场占有率。

（2）服装的收藏和洗涤

① 不同质地服装的收藏方法

a. 棉布服装　因残留有氯及染料，存放时间过长，会影响牢度，甚至变脆，因此，如购买后暂不用或不穿，也要清洗晾干再收藏。

b. 呢绒服装　存放时应注意防蛀，可放置包好的防蛀剂。丝绒、立绒、长毛绒等因怕压，最好挂藏；毛料和高档锦缎衣服也应如此收藏。

c. 丝绸服装　丝绸因用硫黄熏过，可使桑丝绸及白色或浅色衣服发黄，应避免混放，与其他服装混放时，应用白布包好再放。

d. 合成纤维服装　因耐霉、抗蛀性能较强，不需放置樟脑丸，以免影响牢度；如与棉、羊毛织品混放时可放包好的防蛀剂。

e. 羽绒服　必须洗净晾干后再收藏。

f. 皮革服装　擦去灰尘，置阴凉通风处吹去潮气，防止发霉；宜挂藏，不宜与樟脑类防蛀剂放在一起。

g. 裘皮服装　室外晾晒（避免暴晒）约 2h，轻轻抽打除去灰尘后挂藏，放包好的防蛀剂。

h. 毛衣　洗净晾干，单放，放包好的防蛀剂。

i. 羊毛毯　晾晒冷透，套上塑料套，放入包好的防蛀剂；新的羊毛毯一定要晾透再收藏，切记不可直接放入箱内。

② 不同面料的洗涤方法

a. 棉织物　棉织物的耐碱性强，不耐酸，抗高温性好，可用各种肥皂或洗涤剂洗涤。

洗涤前,可放在水中浸泡几分钟,但不宜过久,以免颜色受到破坏。洗涤最佳水温为40~50℃,漂洗时,可掌握"少量多次"的办法,应在通风阴凉处晾晒衣服,以免在日光下曝晒。

b. 麻纤维织物　麻纤维刚硬,抱合力差,洗涤时要比棉织物轻些,切忌使用硬刷和用力柔搓,以免布面起毛。洗后不可用力拧绞,有色织物不要用热水烫泡,不宜在阳光下曝晒,以免褪色。

c. 丝绸织物　洗前先在水中浸泡10min左右,浸泡时间不宜过长。忌用碱水洗,可选用中性肥皂或皂片、中性洗涤剂。洗液以微热或室温为好。洗涤完毕,轻轻压挤水分,切忌拧绞。应在阴凉通风处晾干,不宜在阳光下曝晒,更不宜烘干。

d. 羊毛织物　羊毛不耐碱,故要用中性洗涤剂或皂片进行洗涤。羊毛织物在30℃以上的水溶液中会收缩变形,故洗涤液温度不宜超过40℃。应该轻洗,洗涤时间也不宜过长,洗涤后不要拧绞,用手挤压除去水分,然后沥干,阴凉通风处晾晒,不要在强日光下曝晒。

e. 黏胶纤维织物　黏胶纤维缩水率大,湿强度低,水洗时要随洗随浸,不可长时间浸泡。黏胶纤维织物遇水会发硬,洗涤时要轻洗,用中性洗涤剂或低碱性洗涤剂,洗涤液温度不能超过45℃。洗后把衣服叠起来,大把地挤掉水分,切忌拧绞。洗后忌曝晒,应在阴凉或通风处晾晒。

f. 涤纶织物　先用冷水浸泡15min,然后用一般合成洗涤剂洗涤,洗液温度不宜超过45℃。领口、袖口较脏处可用毛刷刷洗。洗后,漂洗净,可轻拧绞,置阴凉通风处晾干,不可曝晒,不宜烘干,以免因热生皱。

g. 腈纶织物　基本与涤纶织物洗涤相似。先在温水中浸泡15min,然后用低碱性洗涤剂洗涤,要轻揉、轻搓。厚织物用软毛刷洗刷,最后脱水或轻轻拧去水分。纯腈纶织物可晾晒,但混纺织物应放在阴凉处晾干。

h. 锦纶织物　先在冷水中浸泡15min,然后用一般洗涤剂洗涤。洗液温度不宜超过45℃。洗后通风阴干,勿晒。

i. 维纶织物　先用室温水浸泡一下,然后在室温下进行洗涤。洗涤剂为一般洗衣粉即可。切忌用热开水,以免使维纶纤维膨胀和变硬,甚至变形。洗后晾干,避免日晒。

第三节
表面活性剂与化学

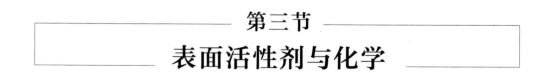

表面活性剂的分子结构由两部分构成。分子的一端为非极性亲油的疏水基,有时也称为亲油基;分子的另一端为极性亲水的亲水基,有时也称为疏油基或形象地称为亲水头。两类结构与性能截然相反的分子碎片或基团分处于同一分子的两端并以化学键相连接,形成了一种不对称的、极性的结构,因而赋予了该类特殊分子既亲水又亲油,又不是整体亲水或亲油的特性。表面活性剂的这种特有结构通常称之为"双亲结构",表面活性剂分子因而也常被称作"双亲分子"。我们生活当中用到的洗涤剂,大多属于表面活性剂。

一、固态表面活性剂——肥皂和洗衣粉

1. 肥皂

(1) 肥皂的定义和分类 肥皂是最早使用的表面活性剂之一。作为传统的洗涤用品,肥皂占有很大的比例。由于它采用天然油脂类为原料,对人体安全,毒性极低,刺激性很小,致敏更加罕见,而且易降解,对环境污染小,所以至今仍被广泛使用。国际表面活性剂会议定义:肥皂是至少含有 8 个碳原子的脂肪酸或混合脂肪酸的无机或有机碱性盐类的总称。

随着科学技术的进步,人们日常生活的需要,各种皂类越来越多。根据肥皂的定义分类,有碱金属皂、有机碱皂和金属皂。碱金属皂主要有钠皂、钾皂,常常用作洗衣皂、香皂、药皂、皂粉;有机碱皂主要有氨、乙醇胺和乙醇胺制的肥皂,常用做纺织洗涤剂、丝光皂;脂肪酸的非金属盐通称金属皂,不溶于水,不能用于洗涤,主要用于工业。根据使用领域分类,可以分为家庭用皂和工业用皂。根据肥皂的硬度分类,可以分为硬皂(主要是钠皂)和软皂(主要是钾皂)。

(2) 肥皂的主要成分和作用 肥皂是洗涤用品中的主要产品,其种类繁多,但制皂的原料主要由油脂、碱和辅助原料构成。油脂也叫脂肪酸甘油酯,常用的动物油脂包括牛油、羊油、猪油、鱼油、骨油。常用的植物油脂有椰子油、棕榈油、花生油、菜籽油、棉籽油、米糠油、玉米油、蓖麻油、茶籽油、向日葵油等,其他类脂物如炼油、皂角及脂肪酸、木质纸浆、浮油、松香等杂油。

制造肥皂最常用的碱是氢氧化钠,也叫烧碱,制造液体皂用氢氧化钾。为了向广大消费者提供符合卫生标准的肥皂,我国制定了行业标准 QB/T 2486—2008 和 QB/T 2485—2008,其中规定洗衣皂中游离苛性碱(以 NaOH 计)≤0.30%,氯化物(以 NaCl 计)≤1.0%,乙醇不溶物≤15.0%;香皂中总游离碱(以 NaOH 计)≤0.30%,游离苛性碱(以 NaOH 计)≤0.10%,氯化物(以 NaCl 计)≤1.0%。常用肥皂辅助原料见表 4-3。

表 4-3 常用肥皂辅助原料

名称	说明
泡花碱	又叫水玻璃,学名硅酸钠,它可以软化硬水,增加肥皂的去污力,同时使皮肤感觉光滑,减少对皮肤的刺激和对织物的损伤
碳酸钠	皂化剂,也是洗衣粉和肥皂粉的助洗剂,它可以提高肥皂硬度,但加多了也可以使肥皂显得粗糙,并会冒白霜
抗氧化剂	抗氧化剂有硅酸钠、丁基甲酚混合物,可防止肥皂因变质而产生异味,改变外观,影响肥皂的使用

续表

名称	说明
杀菌剂、消炎剂	杀菌剂有二苯脲系、水杨酰基苯胺系化合物；消炎剂有感光素、氨基乙酸、溶菌酶、尿囊素、硫黄、蓝香油等，能较长时间抑制细菌生长，去除臭味
香料	洗衣皂中常加樟脑油、萘油、茴香油及香料厂副产品，香皂中常加从动物（如雄麝）和芳香植物的根、茎、叶、果中提取的各种香精和人工合成香料，可在洗涤时散发令人愉快的香味，洗涤后使身体和衣物上长时间留有余香
着色剂	常用的着色剂为染料和颜料，染料有酸性红、大红、金黄、嫩黄、湖蓝、深蓝、碱性晶红、淡黄、直接耐晒蓝等；颜料有色浆嫩黄、色浆绿橙、明绿、桃红等。可改善肥皂外观，对皮肤安全
透明剂	常用醇类物质，如乙醇、L-醇、甘油、丙二醇等，提高肥皂的透明度，抑制肥皂结晶、干裂，还有保护皮肤的作用
富脂剂	常用的有油脂类和脂肪酸两类，羊毛脂及其衍生物、矿物油、椰子油、可可脂、水貂油等，以及椰子油酸、硬脂酸、蓖麻酸、高级脂肪醇等，代替洗去的过量皮脂，覆盖在皮肤表面而保护皮肤
钙皂分散剂	主要是表面活性剂，有阳离子型、非离子型和两性离子型，克服肥皂在硬水中洗涤时与水中钙、镁离子生成不溶性钙皂、镁皂，降低洗涤效果的缺点

2．洗衣粉

洗衣粉是一种碱性的粉状（粒状）合成洗涤剂，是用于洗衣服的化学制剂。

20世纪40年代以后，随着化学工业的发展，人们利用石油中提炼出的化学物质——四聚丙烯苯磺酸钠，制造出了比肥皂性能更好的洗涤剂。后来人们又把具有软化硬水、提高洗涤剂去污效果的磷酸盐配入洗涤剂中，这样洗涤剂的性能就更完美了。人们为了使用、携带、存储、运输等的方便，就把洗涤剂制造成了洗衣粉。

由于洗衣粉能在井水、河水、自来水、泉水，甚至是海水等各类水质中表现出良好的去污效果，并广泛使用于各类织物，所以其生产和使用就迅速发展起来了。现在，洗衣粉几乎是每一个家庭必需的洗涤用品了。

洗衣粉的成分共有五大类：活性成分、助洗成分、缓冲成分、增效成分、辅助成分。

（1）活性成分　就是洗涤剂中起主要作用的成分。洗涤活性成分是一类被称作表面活性剂的物质，它的作用就是减弱污渍与衣物间的附着力，在洗涤水流以及手搓或洗衣机的搅动等机械力的作用下，使污渍脱离衣物，从而达到洗净衣物的目的。

要想达到好的去污效果，洗衣粉中应含有足够的活性成分。为了保证洗衣粉的洗涤效果，国家主管部门对洗衣粉中活性成分的最低含量作了规定。根据所用活性剂的种类和产品的类别，洗衣粉中活性成分的量一般不得低于13%，因为很多表面活性剂有很强的起泡能力，消费者可依据经验，从洗衣粉溶于水后发泡的情形来判断洗衣粉的优劣。但某些专用于滚筒洗衣机的洗衣粉，其发泡能力比普通洗衣粉要差得多。这是因为滚筒洗衣机主要靠衣物在滚筒中的翻滚所产生的机械力，来达到洗净衣物的目的，而洗涤溶液中过多的泡沫，会大大减弱这种因衣物翻滚而产生的机械力，使得洗净效果大打折扣。

（2）助洗成分　洗衣粉中的助洗剂是用量最大的成分，一般会占到总组成的15%～40%。助洗剂的主要作用就是通过束缚水中所含的硬度离子，使水得以软化，从而保护表面活性剂使其发挥最大效用。所谓含磷、无磷洗涤剂，实际是指所用的助洗剂是磷系还是非磷系物质。

一些地方制定了地方性法规,禁止或限制含磷酸盐洗涤剂的销售和使用。在非磷系的助洗剂中,被业界所公认能够较好替代磷酸盐成分的,是一种被称为沸石的物质。除此而外,还有形形色色的"廉价"无磷助洗剂,如碳酸钠(纯碱)、硅酸钠(水玻璃)以及它们的各种比例的复合物。由于这些无磷助剂最终都是形成了不溶于水的沉淀,如果不能有效地将它们悬浮在水中,它们会沉在衣物上。长期使用这种无磷洗涤剂的结果将使衣物变硬、发黄。为了防止这类情况发生,设计良好的无磷洗涤剂都要在配方中使用有效的分散剂,使形成的不溶解颗粒不会沉积在衣物上。

(3)缓冲成分 衣物上常见的污垢,一般为有机污渍,如汗渍、食物、灰尘等。有机污渍一般都是酸性的,使洗涤溶液处于碱性状态有利于这类污渍的去除,所以洗衣粉中都配入了相当数量的碱性物质,一般常用的是纯碱和水玻璃。

虽然碱性有利于衣物的洗涤,但是过量的碱性物质会对衣物和皮肤带来伤害,因此国家对洗衣粉的碱性作了相应的规定,合格的洗衣粉应当符合这些要求。此外,如前面所述,这些碱性物质会与硬水形成沉淀,而过多的碱性物质会导致洗涤时形成大量的沉淀,反而使洗涤效果变差。

(4)增效成分 为了使洗涤剂具有更好的和更多的与洗涤相关的功效,越来越多的洗涤剂含有特殊功能的成分,这些成分能有效地提高和改善洗涤剂的洗涤性能。

根据功能要求,洗涤剂中使用的增效成分有这样几类:提高洗净效果的,如酶制剂(蛋白酶、脂肪酶、淀粉酶等)、漂白剂、漂白促进剂等;改善白度保持的,如抗再沉积剂、污垢分散剂 LBD-1、酶制剂(纤维素酶)、荧光增白剂、防染剂;保护织物改善织物手感的,如柔软剂、纤维素酶、抗静电剂、护色剂等。

事实上,许多品牌的洗涤剂在采用的主要成分方面大同小异,而各家产品的奥妙往往是在这些增效成分上。各种酶制剂的采用,可以大大增强洗涤剂对特殊和难洗污渍的洗净能力,如血渍、汗渍、食物油渍、蔬菜水果渍等,漂白剂则能使色素类污渍被分解去除,抗再沉积剂可保证衣物多次洗涤后不会发灰发黄。

(5)辅助成分 这类成分一般不对洗涤剂的洗涤能力起提高改善作用,但是对产品的加工过程以及产品的感官指标起较大作用,比如使洗衣粉颜色洁白、颗粒均匀、无结块、香气宜人等。

二、液态表面活性剂——液体肥皂、洗洁精和洗衣液

1. 液体肥皂

液体肥皂是一种新产品,它是由椰子油、棕榈仁油及一些软性油脂(如棉籽油、豆油

或花生油）的混合油与氢氧化钾水溶液皂化制得，形态类似洗手液。液体肥皂兼具肥皂的去污能力和洗手液的方便卫生，将肥皂的成分以液态形式灌装成按压瓶包装，有效提高洗手的清洁效率，同时有效降低交叉感染的风险。

2. 洗洁精

洗洁精是日常生活清洁用品，洁净温和、泡沫柔细、快速去污、除菌，有效彻底清洁、不残留，洗后洁白光亮如新。

洗洁精的主要成分是烷基磺酸钠、脂肪醇醚硫酸钠、泡沫剂、增溶剂、香精、水、色素和防腐剂等。烷基磺酸钠和脂肪醇醚硫酸钠都是阴离子表面活性剂，是石化产品，用以去污除渍。

（1）直链烷基苯磺酸钠　具有良好的去污和乳化力，耐硬水和发泡力好，生物降解性极佳，是绿色表面活性剂，应用于香波、餐洗等洗涤剂（含量60%）。

（2）脂肪醇醚硫酸钠　脂肪醇聚氧乙烯醚硫酸钠（又称脂肪醇醚硫酸钠）是阴离子表面活性剂，易溶于水，有优良的去污、乳化、发泡性能和抗硬水性能，温和的洗涤性质不会损伤皮肤。使用时请注意：在不含黏度调节剂的情况下，如果要稀释为含有30%或60%活性物质的水溶液，常会导致一种黏性高的凝胶。为避免这一现象，正确的方法是将高活性产品加到规定数量的水中，同时加以搅拌。而不要将水加到高活性原料中，否则可能导致凝胶形成。

（3）抗泡沫剂　常用的抗泡沫剂有：甲基硅油、丙烯酸酯与醚共聚物等。

（4）增溶剂　增溶剂具有增溶能力。

（5）香精　洗洁精中至少含有数种甚至几十种天然和合成香料。

3. 洗衣液

洗衣液的工作原理与传统的洗衣粉、肥皂类同，有效成分都是表面活性剂。

洗衣液与传统的洗衣粉和肥皂相比，具有很大的优势。

（1）洗衣粉和肥皂采用的是阴离子型表面活性剂，是以烷基磺酸钠和硬脂酸钠为主，而洗衣液多采用非离子型表面活性剂。

（2）洗衣粉碱性较强（洗衣粉pH一般大于12），在使用时对皮肤的刺激和伤害较大，而洗衣液偏中性，配方温和不伤手。

（3）洗衣粉产生的废液在自然界降解困难（特别是带支链的烷基苯磺酸钠），造成水质污染，对生态造成很大的破坏，而洗衣液则相对降解比较完全，对环境造成的破坏较小。

（4）洗衣粉在使用过程中并不能完全溶解，残留物容易导致衣物损伤，并且不易漂洗，而洗衣液能够完全溶解且溶解速度快，能够深入衣物纤维内部发挥洗涤作用，去污更彻底，易漂易洗。

三、膏状表面活性剂——沐浴乳、洗面奶

1. 沐浴乳

沐浴乳又称沐浴露,是指洗澡时使用的一种液体清洗剂,是一种现代人常见的清洁用品。沐浴乳的发明主要是为了取代传统清洁肥皂的触感和功效。

沐浴乳接触人们肌肤时不会有像肥皂那样有较硬的感觉,尤其是氨基酸沐浴露,相较硫酸盐类表面活性剂为原料的沐浴露 pH 值偏低些,温和滋润肌肤,不会对皮肤造成强酸碱刺激。

2. 洗面奶

洗面奶属于洁肤化妆品,其目的是清除皮肤上的污垢,使皮肤清爽,有助于保持皮肤正常生理状态。洗面奶清洗的对象物(即基质)是人体皮肤,黏附在上面的污垢基本是皮脂和角质层碎片及其氧化分解物(污垢),或者是与之粘在一起的美容化妆品残留物。这些残留代谢产物是不稳定的,可与空气中的氧或沉积分子反应。在暴露于阳光时或皮肤上有细菌存在,会发生各种物理化学和生物化学反应,形成一些可能伤害皮肤的物质。因而,即使是健康皮肤,皮肤清洁也是皮肤护理所必需的过程。此外,对于敏感的或脆弱的皮肤,更加需要特别清洁和护理。对于有问题的皮肤类型,必须着重考虑洗面奶的温和性和安全性。

洗面奶的组成一般来讲包含油性组分、水性组分、部分游离态的表面活性剂和营养成分等。

(1) 油性组分 在洗面奶配方中作为溶剂和润肤剂。主要有矿油——一种很好的除去油污和化妆品残迹的溶剂,还有肉豆蔻酸异丙酯、棕榈酸异丙酯、辛酸/癸酸甘油酯以及羊毛脂、十六醇、十八醇等。

(2) 表面活性剂 具有良好洗净作用的温和型表面活性剂,包括阴离子、两性和非离子型表面活性剂,如十二烷基硫酸三乙醇胺、月桂醇醚琥珀酸酯磺酸二钠、椰油酰胺丙基甜菜碱、椰油单乙醇酰胺、Geropon AS-200、Jordapon CI-75、月桂酰肌氨酸钠盐等。作为乳化剂,常用的有自乳化型单硬脂酸甘油酯 Tween-20、Tween-80、聚氧乙烯(30)二聚羟基硬脂酸酯等。近几年来,有更多的原料可以被用作洗面奶的乳化剂,如 SalcareSC91、TinovisADM、Sepigel 501 等等。

泡沫型洗面奶中还经常使用椰油酰基羟乙基磺酸钠、混合脂肪酸等的复合物,它们可以产生丰富、稳定的泡沫,对皮肤很温和,有良好的去污性和分散性,适用于硬水,生物降解性很好,并且在制备时不需乳化。另外常用的还有月桂酰肌氨酸盐类。

(3) 水性组分 主要包括水、甘油、丙二醇等水溶性高分子物质。水具有良好的去污作用,也是良好的保湿剂;甘油、丙二醇也都是保湿剂;水溶性高分子物质具有稳定增稠

作用。

（4）其他组分　主要包括香精、防腐剂、抗氧剂等。香精赋予产品良好的香气，遮盖原料的不良气息；抗氧剂防止配方中的油脂氧化；防腐剂防止产品中微生物的滋长，保持产品稳定；螯合剂螯合水中的钙镁离子，增加产品在硬水中的清洁效果。另外还有一些具有特殊功效的添加剂，如抗菌剂、美白剂、瘦脂剂等。

思考题

1. 通过查阅资料，分组讨论化学是如何影响我们的日常生活的。
2. 查看所用化妆品的成分并分析个人皮肤类型及特点，分组讨论使用化妆品的类型。
3. 根据当天穿的服装，通过查看服装成分标签，分组讨论服装的收藏方法、洗涤剂的选择及洗涤方法。

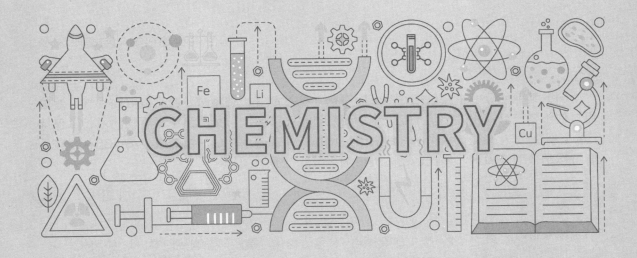

第五章
药物与化学

药物与化学有密切的联系，随着化学和生物学的发展，人们利用化学方法发现、确证和开发药物，并从分子水平上研究药物在人体内的作用机理，形成了药学领域中的一门重要学科——药物化学，为人类的健康做出了重要贡献。

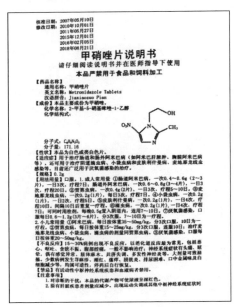

当我们打开一盒药，翻看它的说明书，有时会发现上端印着一个复杂物质的结构式。观察甲硝唑片说明书，讨论：

（1）甲硝唑是什么类型的药物？
（2）甲硝唑片是怎么来的？
（3）药物和化学有什么关系？

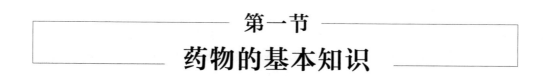

第一节 药物的基本知识

一、什么是药物

药物是用以预防、治疗及诊断疾病的物质。在理论上，凡能影响机体器官生理功能及细胞代谢活动的化学物质都属于药物的范畴。但当药物超过一定的剂量，就会产生毒害作用，因此，药物长期使用或剂量过大都有可能成为毒物。

一般的消费者经常称之为药品，药物和药品有什么区别呢？药品是指用于预防、治疗、诊断人的疾病，有目的地调节人的生理机能并规定有适应证或者功能主治、用法和用量的物质，包括中药、化学药和生物制品等。药品通常指经过国家食品药品监督管理部门（SFDA）审批，允许其上市生产、销售的药物，不包括上市前临床试验中的药物。而药物包括所有具有治疗作用的化学物质，不一定经过审批，也不一定是市面有售的化学物质。比如常见的麦芽，并不是药品，但其养心益气的作用，可以作为药物使用。因此，对于一般的消费者来说，药物和药品没有太大的区别。

从使用对象上说：药品是以人为使用对象，预防、治疗、诊断人的疾病，有目的地调节人的生理机能，有规定的适应证、用法和用量要求；从使用方法上说：除外观，患者无法辨认其内在质量，许多药品需要在医生的指导下使用，而不由患者选择决定。同时，药品的使用方法、数量、时间等多种因素在很大程度上决定其使用效果，误用不仅不能"治病"，还可能"致病"，甚至危及生命安全。因此，药品是一种特殊的商品。

1. 种类复杂性

药品具体品种，全世界有 20000 余种，我国中药制剂 5000 多种，西药制剂 4000 多种，由此可见，药品的种类复杂、品种繁多。

2. 药品的医用专属性

药品不是一种独立的商品，它与医学紧密结合，相辅相成。患者只有通过医生的检查诊断，并在医生与执业药师的指导下合理用药，才能达到防治疾病、保护健康的目的。

3. 药品质量的严格性

药品直接关系到人们的身体健康甚至生命存亡，因此，其质量不得有半点马虎。我们必须确保药品的安全、有效、均一、稳定。

另外，药品的质量还有显著的特点：它不像其他商品一样，有质量等级之分，而只有符合规定与不符合规定之分，只有符合规定的产品才能允许生产和销售。药品必须按照国家药品标准进行检验，质量必须符合规定。禁止生产（包括配制）、销售假药。药品管理法对假药情形有明确的规定，我们要具备正确识别假药的能力。药品质量符合规定不仅是产品质量符合注册质量标准，还应使其全过程符合《药品生产质量管理规范》(GMP)。《药品生产质量管理规范》是药品生产和质量管理的基本准则，适用于药品制剂生产的全过程和原料药生产中影响成品质量的关键工序。大力推行药品 GMP，是为了最大限度地避免药品生产过程中的污染和交叉污染，降低各种差错的发生，是提高药品质量的重要措施。

二、药物的分类

药物一般分为中药、化学药和生物药物。中药是在中医药理论和临床经验指导下用于防治疾病和医疗保健的药物，包括中药材、饮片、中成药。化学药是指从天然矿物、动植物中提取的有效成分，以及经过化学合成或生物合成而制得的药物，统称为化学药物，如阿司匹林、阿莫西林等。生物药物是生物制品，药效比化学药高，同时它的毒副作用小，不需要肝肾代谢，是体内活性物质，如免疫球蛋白、狂犬疫苗等。

药物依照法律及国际上分类管理分为两类：处方药物及非处方药物（OTC）。处方药和非处方药不是药品本质的属性，而是管理上的界定。一般来说，非处方药都经过较长时间的全面考查且具有药效比较确定、按照药品说明要求使用相对安全、毒副作用小、不良反应发生率低、使用方便、易于储存等基本特点。非处方药由处方药转变而来，是经过长期应用、确认有疗效、质量稳定、非医疗专业人员也能安全使用的药物。它们的划分是由国家药品监督管理部门组织有关部门和专家根据"应用安全、疗效确切、质量稳定、使用方便"的原则进行遴选后，由国家药品监督管理局批准予以公布的。但无论是处方药，还是非处方药，其安全性和有效性是有保障的。其中非处方药主要是用于治疗各种消费者容易自我诊断、自我治疗的常见轻微疾病。任何药物都有毒副作用，只是程度不同而已。相对而言，非处方药较为安全，但若病因不明，病情不清，则以处方药物为好。若用药后不见效或有病情加重迹象，甚至出现异常现象，应立即停药到医院诊治。

从来源的途径又可分为天然与化学合成药物。天然药物是大自然赐予的珍宝，根据来源不同，又可分为动物性、植物性和矿物性药物。动物性药物是利用动物的全身或部分脏器或排泄物作为药用，如中药中的全蝎、鳖甲、牛黄等。现代药物中，还使用经提炼的纯品药物，如各种内分泌制剂、血浆制品等。植物性药物是天然药物中应用最广和历史最久的药物。植物的各部分，根、茎、皮、叶、花、液汁和果实等都可入药，如人参用其根茎，阿片是罂粟果的液汁。中药以植物药最多。矿物药物是利用矿物或经过提炼加工而成的一类无机药物，如硫黄、汞（朱砂）以及无机盐类、酸类和碱类等，都属于矿物药物。《神农本草经》和《本草纲目》共计收载药物将近 2000 种。随着实践经验的积累，天然药物的数目日益增多，应用范围更加广泛。

三、新药从何而来

药物从最初的实验室研究至最终摆放到药柜销售平均需要花费 12 年的时间。平均每 5000 种进行临床前试验的化合物中，只有 5 种能进入后续的临床试验，仅其中的 1 种化合物可以得到最终的上市批准。新药的研发见图 5-1。

总的来说，新药研发分为两个阶段：研究和开发。这两个阶段是相继发生且互相联系的，区分两个阶段的标志是候选药物的确定，即在确定候选药物之前为研究阶段，确定之后为开发阶段。候选药物是拟进行系统的临床前试验并进入临床研究的活性化合物。

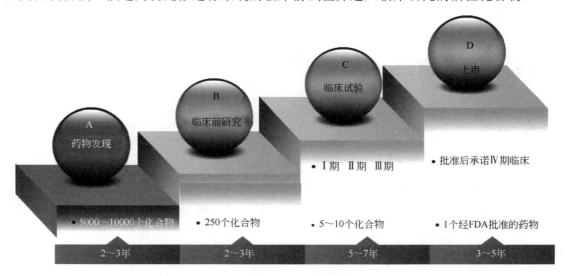

图 5-1　新药的研发

1. 临床前研究

该阶段的主要内容为处方组成、工艺、药学、药剂学、药理、毒理学的研究。对于具有选择性药理效应的药物，在进行临床试验前还需测定药物在动物体内的吸收、分布及消除过程。临床前的药理研究是要弄清新药的作用范围及可能发生的毒性反应，在经药物管理部门的初步审批后才能进行临床试验，目的在于保证用药安全。

2. 临床研究

新药临床研究是确定一个药物在人身上是否安全有效的关键一环。一般按其目的分为四个阶段。①安全性预测。可在少量志愿者（包括患者或正常人）身上进行，一般在10～30例正常成年志愿者身上观察新药耐受性、找出安全剂量。②有效性试验（100例）。选择有特异指征病人随机分组，设立已知有效药物及空白安慰剂双重对照（对急重病人不得采用有损病人健康的空白对照），并尽量采用双盲法（病人及医护人员均不能分辨治疗药品或对照药品）观察，同时还需进行血药浓度监测计算药动学数据。③较大范围的临床研究。受试例数一般不少于300例。先在一个医院，以后可扩大至三个以上医疗单位进行多中心合作研究。④广泛的安全性及有效性考查。对那些需要长期用药的新药，应有50～100例病人累计用药半年至一年的观察记录，由此制定适应证、禁忌证、剂量疗程及说明可能发生的不良反应后，再经药政部门的审批才能生产上市。

3. 售后调研

售后调研是指新药问世后进行的社会性考虑与评价，在广泛的推广应用中重点了解长期使用后出现的不良反应和远期疗效（包括无效病例），药物只能依靠广大用药者（医生及病人）才能作出正确的评价。

四、抗生素你了解多少

1. 概念

某些微生物对另外一些微生物的生长繁殖有抑制作用，这种现象称为抗生。利用抗生现象，人们从某些微生物体内找到了具有抗生作用的物质，并把这种物质称为抗生素。严格来说，抗生素是由某些微生物（包括细菌、真菌、放线菌属）在代谢过程中产生的，对某些其他病原微生物具有抑制或杀灭作用的一类化学物质。如青霉菌产生的青霉素，灰色链霉菌产生的链霉素都有明显的抗菌作用。抗生素分为天然品和人工合成品，前者由微生物产生，后者是对天然抗生素进行结构改造获得的部分合成产品。

抗生素的抑菌或杀菌作用，主要是针对"细菌有而人（或其他动植物）没有"的机制进行杀伤，包含四大作用机理，即：抑制细菌细胞壁合成，增强细菌细胞膜通透性，干扰细菌蛋白质合成以及抑制细菌核酸复制转录。

2. 分类

按照其化学结构，抗生素可以分为：喹诺酮类、β-内酰胺类、大环内酯类、氨基糖苷类等。

而按照其用途,抗生素可以分为抗细菌抗生素、抗真菌抗生素、抗肿瘤抗生素、抗病毒抗生素、畜用抗生素、农用抗生素及其他微生物药物(如麦角菌产生的具有药理活性的麦角碱类,有收缩子宫的作用)等。

根据其种类的不同,抗生素的生产有多种方式,如青霉素由微生物发酵法进行生物合成;磺胺、喹诺酮类等,可用化学合成法生产;半合成抗生素,是将生物合成法制得的抗生素用化学、生物或生化方法进行分子结构改造而制成的各种衍生物。

3. 合理应用

(1) 对症用药　抗生素的使用要依据抗生素的适应证进行选用,主要选用原则如下:根据病原菌的种类、感染性疾病的临床症状和药物的抗菌谱来选择合适的抗生素;根据感染部位和药动学来选择抗生素。抗生素在体内要发挥杀菌或者抑菌作用,必须在靶组织内达到有效的药物浓度,所以根据抗生素在感染部位的浓度高低、维持时间等方面进行选用;根据患者的生理、病理和免疫状况来选药,因为上述因素会影响到药物的作用。不同的患者应用的抗生素有所区别。妊娠期和哺乳期妇女要避免应用导致畸形和影响新生儿发育的药物。

(2) 剂量及疗程　抗菌药物应用的剂量与给药次数要适当,疗程要适当。剂量过小或者疗程过短会影响疗效,还能导致细菌产生耐药性,剂量过大或者疗程过长,不但导致浪费,还引起不良反应。

(3) 预防性用药　抗生素的预防性用药约占抗生素使用量的40%左右,而实际上有应用价值的占少数,错误地使用抗生素治疗病毒性感染,会引起耐药性产生或者发生继发性感染。所以,要严格控制预防性抗生素的应用。以下几种情况可预防性应用抗生素:①采用苄星青霉素、青霉素V等清除咽喉部及其他部位的溶血性链球菌防治风湿热的发作;②在流行性脑脊髓膜炎流行时,可用磺胺嘧啶作预防性用药;③风湿性或者先天性心脏病患者进行口腔、尿路手术前,用青霉素等预防感染性心内膜炎发生;④外伤、战伤、闭塞性脉管炎患者在进行截肢手术时,可用青霉素预防气性坏疽;⑤结肠手术前用甲硝唑、庆大霉素预防厌氧菌感染。

(4) 联合应用　联合用药的目的是提高疾病治疗效果,降低细菌耐药性,同时减少不良反应发生,扩大抗菌范围。要严格掌握联合应用抗生素的指征,如单一抗生素不能控制的混合型感染,如腹部脏器损伤导致的腹膜炎;单一抗生素不能控制的严重感染,如脓毒症、败血症等严重感染;应用单一抗生素不易渗入的感染,如结核感染等;病原体尚没有确定的重型感染等,如果长时间治疗,病原体可能导致耐药发生,要联合用药。具体联合用药原则可参考相关书籍或文献,或遵医嘱。

4. 滥用危害

(1) 细菌耐药性　人类发现并应用抗生素,是人类的一大革命。但随着抗生素在临床上的广泛使用,很快便出现了耐药性,不仅使抗生素的使用出现了危机,而且"超级耐药菌"的出现使人类的健康又一次受到了严重的威胁。

细菌对抗生素（包括抗菌药物）的耐药性主要有 5 种机制：①使抗生素分解或失去活性。细菌产生一种或多种水解酶或钝化酶，水解或修饰进入细菌内的抗生素，使之失去生物活性。②使抗菌药物作用的靶点发生改变。由于细菌自身发生突变，或细菌产生某种酶的修饰，使抗生素作用靶点（如核酸或核蛋白）的结构发生变化，使抗菌药物无法发挥作用。③细胞特性的改变，细菌细胞膜渗透性的改变，或其他特性的改变，使抗菌药物无法进入细胞内。④细菌产生药泵将进入细胞的抗生素泵出细胞。细菌产生的一种主动运输方式，将进入细胞内的药物泵出至胞外。⑤改变代谢途径，如磺胺药与对氨基苯甲酸（PABA），竞争二氢喋酸合成酶而产生抑菌作用。金黄色葡萄球菌多次接触磺胺药后，其自身的 PABA 产量增加，可达原敏感菌产量的 20～100 倍，后者与磺胺药竞争二氢喋酸合成酶，使磺胺药的作用降低甚至消失。

此外，由于抗生素滥用造成的 DNA 污染是促成"超级细菌"的另一主要因素。细菌耐药基因的种类和数量增长速度之快，是无法用生物的随机突变来解释的。细菌不仅可以在同种内，而且可以在不同的物种之间交换基因，甚至能够从已经死亡的同类散落的 DNA 中获得基因。因而，耐药基因在细菌间快速传播，进一步促使了"超级病菌"的产生。

（2）人体危害　抗生素在杀灭病原菌的同时也会对人体造成损害。药物经口腔入胃、经肠道吸收入血输送到人体的各个细胞中，而只有到达病灶部位的药物才对病原菌起到杀菌的作用，其他组织中的药物不但没有起到杀菌的作用，反而代谢产物要经肝肾排出体外，对肝肾等脏器有一定的损害作用，如氯霉素、林可霉素、四环素、红霉素等，都需要在肝内代谢。

此外，许多抗生素如青霉素、链霉素等药物可引起变态反应，如过敏性休克，从轻微皮疹、发热到造血系统抑制等，甚至也会损害神经系统，如中枢神经系统、听力、视力、周围神经系统病变以及神经肌肉传导阻滞作用等。

抗生素的滥用可能引起菌群的失调、延误疾病的治疗。由于受到抗生素的影响，正常菌群中各种细菌的种类和数量都会发生变化。严重的菌群失调可以导致机体出现一系列临床症状，主要见于长期应用广谱抗生素治疗的患者，其体内对抗生素敏感的细菌被大量杀灭，而不敏感的细菌，如金黄色葡萄球菌、白色念珠菌等则乘机繁殖，引起假膜性肠炎、白色念珠菌性肺炎等，即临床上所谓的二重感染，进而给疾病的治疗带来很大的麻烦，产生严重的不良后果。

五、如何合理用药

1. 选择药物

用药合理与否，关系到治疗的成败。在选择用药时，必须考虑以下几点：①是否有用药的必要。在可用可不用的情况下无需用药。②若必须用药，就应考虑疗效问题。为尽快治愈病人，在可供选择的同类药物中，应首选疗效最好的药。③药物疗效与药物不良反应的轻重权衡。大多数药物或多或少地有一些与治疗目的无关的副作用或其他不良反应，以及耐药、成瘾等。一般来说，应尽可能选择对病人有益无害或益多害少的药物，因此在用药时必须严格掌握药物的适应证，防止滥用药物。④联合用药问题。联合用药可能使原有药物作用增强，称为协同作用；也可能使原有药物作用减弱，称为拮抗作用。提高治疗效应，减弱毒副反应是联合用药的目的；反之，治疗效应降低，毒副反应加大，是联合用药不当所致，会对患者产生有害反应。

2. 选择制剂

同一药物、同一剂量、不同的制剂会引起不同的药物效应，这是因为制造工艺不同导致了药物生物利用度的不同。选择适宜的制剂也是合理用药的重要环节。

3. 确定剂量

为保证用药安全、有效，通常采用最小有效量与达到最大治疗作用，但尚未引起毒性反应之间的剂量作为常用量。临床所规定的常用量一般是指成人（18～60 岁）的平均剂量，但对药物的反应因人而异。年龄、性别、营养状况、遗传因素等对用药剂量都有影响。小儿所需剂量较小，一般可根据年龄、体重、体表面积按成人剂量折算。老人的药物可按成人剂量酌减。另外，对于体弱、营养差、肝肾功能不全者用药量也应相应减少。

4. 选择给药途径

不同给药途径影响药物在体内的有效浓度，与疗效关系密切。如硫酸镁注射给药产生镇静作用，而口服给药则导泻。不同给药方法都有其特点，临床主要根据病人情况和药物特点来选择。①口服。是最常用的给药方法，具有方便、经济、安全等优点，适用于大多数药物和病人；主要缺点是吸收缓慢而不规则，药物可刺激胃肠道，在到达全身循环之前又可在肝内部分破坏，也不适用于昏迷、呕吐及婴幼儿、精神病等病人。②直肠给药。主要适用于易受胃肠液破坏或口服易引起恶心、呕吐等少数药物，如水合氯醛，但使用不便，吸收受限，故不常用。③舌下给药。只适合于少数用量较小的药物，如硝酸甘油片剂舌下给药治疗心绞痛，可避免胃肠道酸、碱、酶的破坏，吸收迅速，奏效快。④注射给药。具有吸收迅速而完全、疗效确实可靠等优点。皮下注射吸收均匀缓慢，药效持久，但注射药液量少（1～2mL），并能引起局部疼痛及刺激，故使用受限；因肌肉组织有丰富的血管网，故肌内注射吸收较皮下为快，药物的水溶液、混悬液或油制剂均可采用，刺激性药物宜选用肌注；静脉注射可使药物迅速、直接全部入血浆生效，特别适用于危重病人，但静脉注射只能使用药物的水溶液，要求较高，较易发生不良反应，有一定的危险性，故需慎用。⑤吸入法给药。适用于挥发性或气体药物，如吸入性全身麻醉药。⑥局部表面给药。如擦涂、滴眼、喷雾、湿敷等，主要目的是在局部发挥作用。

5. 疗程用药

适当的给药时间间隔是维持血药浓度稳定、保证药物无毒而有效的必要条件。给药时间间隔太长，不能维持有效的血药浓度；间隔过短可能会使药物在体内过量，甚至引起中毒。根据药物在体内的代谢规律，以药物血浆半衰期为时间间隔恒速恒量给药，4~6个半衰期后血药浓度可达稳态。实际应用中，大多数药物每日给药3~4次，只有特殊药物，如洋地黄类药物，在特殊情况下才规定给药间隔。对于一些代谢较快的药物，如去甲肾上腺素、催产素，可由静脉滴注维持血药浓度恒定。对于一些受机体生物节律影响的药物应按其节律规定用药时间，如长期使用肾上腺皮质激素，根据激素清晨分泌最高的特点，选定每日清晨给药以增加疗效，减少副作用。

药物的服用时间应根据具体药物而定。易受胃酸影响的药物应饭前服，如抗酸药；易对胃肠道有刺激的药物宜饭后服，如阿司匹林、消炎痛等；而镇静催眠药应睡前服，以利其发挥药效，适时入睡。

疗程的长短应视病情而定，一般在症状消失后即可停药，但慢性疾病需长期用药者，应根据规定疗程给药，如抗结核药一般应至少连续应用半年至一年以上。另外，疗程长短还应根据药物毒性大小而定，如抗癌药物应采用间歇疗法给药。

6. 考虑到不良症状

有些病人对某种药特别敏感，称为高敏性；反之，对药物敏感性低则称为耐受性。有些病人对药物产生的反应与其他人有质的不同，即为变态反应。因此，临床用药既要根据药物的药理作用，也要考虑病人实际情况，做到因人施治。影响药物作用的机体因素主要包括：年龄、性别、病理状态、精神因素、遗传因素和营养状态等。

第二节　药物与健康

一、屠呦呦的抗疟之旅——青蒿素的发现和利用

青蒿素的发现，是传统中医献给世界的礼物。四十年前，在艰苦的环境下，中国科学家努力从中医药中寻找抗疟新药。

1969年开始抗疟中药研究。经过大量的反复筛选工作，1971年起工作重点集中于中药青蒿（图5-2）。经过很多次失败，1971年9月，重新设计了提取方法，改用低温提取，用

乙醚回流或冷浸，而后用碱溶液除掉酸性部位的方法制备样品。1971年10月4日，青蒿乙醚中性提取物，即标号191#的样品，以1.0g/kg体重的剂量，连续3天，经口给药，鼠疟药效评价显示抑制率达到100%。同年12月到次年1月的猴疟实验，也得到了抑制率100%的结果。青蒿乙醚中性提取物抗疟药效的突破，是发现青蒿素的关键。

图5-2 黄花蒿（青蒿素来源）

1972年8至10月，开展了青蒿乙醚中性提取物的临床研究，30例恶性疟和间日疟病人全部显效。同年11月，从该部位中成功分离得到抗疟有效单体化合物的结晶，后命名为"青蒿素"。

1972年12月，开始对青蒿素的化学结构进行探索，通过元素分析、光谱测定、质谱及旋光分析等技术手段，确定化合物分子式为$C_{15}H_{22}O_5$，分子量为282。明确了青蒿素为不含氮的倍半萜类化合物。

1973年4月27日，中国医学科学院药物研究所分析化学室进一步复核了分子式等有关数据。1974年起，中国科学院上海有机化学研究所和生物物理所相继开展了青蒿素结构协作研究的工作，最终经X射线衍射确定了青蒿素的结构，确认青蒿素是含有过氧基的新型倍半萜内酯。立体结构于1977年在中国的《科学通报》发表，并被《化学文摘》收录。

1973年起，为研究青蒿素结构中的功能基团而制备衍生物。经硼氢化钠还原反应，证实青蒿素结构中羰基的存在，构建了双氢青蒿素。经构效关系研究：明确青蒿素结构中的过氧基团是抗疟活性基团，部分双氢青蒿素羟基衍生物的鼠疟效价也有所提高。青蒿素及其衍生物有双氢青蒿素、蒿甲醚、青蒿琥酯、蒿乙醚，直到现在，除此类型之外，其他结构类型的青蒿素衍生物还没有用于临床的报道。

1986年，青蒿素获得了卫生部新药证书。1992年双氢青蒿素获得新药证书，该药临床药效高于青蒿素10倍，进一步体现了青蒿素类药物"高效、速效、低毒"的特点。

1981年，世界卫生组织、世界银行、联合国计划开发署在北京联合召开疟疾化疗科学工作组第四次会议，有关青蒿素及其临床应用的一系列报告在会上引发热烈反响。屠呦呦的报告是"青蒿素的化学研究"。20世纪80年代，数千例中国的疟疾患者得到青蒿素及其衍生物的有效治疗。

在困境面前需要坚持不懈，20世纪70年代中国的科研条件比较差，为供应足够的青蒿有效部位用于临床，屠呦呦团队曾用水缸作为提取容器。由于缺乏通风设备，又接触大量有机溶剂,导致一些科研人员的身体健康受到了影响。为了尽快上临床,在动物安全性评价的基础上,屠呦呦科研团队成员自身服用有效部位提取物,以确保临床病人的安全。当青蒿素片剂临床试用效果不理想时,经过努力坚持,深入探究原因,最终查明是崩解度的问题。改用青蒿素单体胶囊,从而及时证实了青蒿素的抗疟疗效。

疟疾对于世界公共卫生依然是个严重挑战。WHO 原总干事陈冯富珍在谈到控制疟疾时有过这样的评价,在减少疟疾病例与死亡方面,全球范围内正在取得的成绩给我们留下了深刻印象。虽然如此,据统计,全球 97 个国家与地区的 33 亿人口仍在遭遇疟疾的威胁,其中 12 亿人生活在高危区域,这些区域的患病率有可能高于 1/1000。统计数据表明,2013 年全球疟疾患者约为 1 亿 9800 万,疟疾导致的死亡人数约为 58 万,其中 78% 是 5 岁以下的儿童。90% 的疟疾死亡病例发生在重灾区非洲,70% 的非洲疟疾患者应用青蒿素复方药物治疗(ACTs),但是,得不到 ACTs 治疗的疟疾患儿仍达 5600 万到 6900 万之多。

鉴于青蒿素的抗药性已在大湄公河流域得到证实,扩散的潜在威胁也正在考察之中。参与该计划的 100 多位专家们认为,在青蒿素抗药性传播到高感染地区之前,遏制或消除抗药性的机会其实十分有限。遏制青蒿素抗药性的任务迫在眉睫。为保护 ACTs 对于恶性疟疾的有效性,全球抗疟工作者应认真执行 WHO 遏制青蒿素抗药性的全球计划。

"中国医药学是一个伟大宝库,应当努力发掘,加以提高。"青蒿素正是从这一宝库中发掘出来的。通过抗疟药青蒿素的研究经历,深感中西医药各有所长,二者有机结合,优势互补,当具有更大的开发潜力和良好的发展前景。大自然给我们提供了大量的植物资源,医药学研究者可以从中开发新药。中医药从神农尝百草开始,在几千年的发展中积累了大量临床经验,对于自然资源的药用价值已经有所整理归纳。通过继承发扬,发掘提高,一定会有所发现,有所创新,从而造福人类。

二、阿司匹林——树皮里"煮"出来的经典

阿司匹林的正式名称为乙酰水杨酸,人类使用这种药物已有很久的历史。据说早在远古时代,我们的先祖就已知道咀嚼柳树叶有解热镇痛的功效;2000 多年前,古希腊著名医学家希波克拉底也常将柳树根或叶浸泡或煮出液体,用于解除妇女分娩时的痛苦以及治疗产后热,但当时人们都不知道柳树根叶中含有一种能止痛的化学物质——水杨酸。

1828 年,德国药学家布赫勒首次从柳树叶中提取出水杨苷,水解后为水杨酸和葡萄糖。不久,意大利化学家也第一次从水杨苷中获得水杨酸。因为最初水杨酸是从柳树皮中获得,故又曾被叫做柳酸。由于水杨酸对胃肠道刺激性大,当时只有个别疼痛很剧烈的人才服用它。1853 年,虽然已有人用水杨酸与醋酐合成了乙酰水杨酸,但未引起人们的重视。直到 1899 年,德国拜耳药厂的化学家霍夫曼,用人工合成的乙酰水杨酸治好了他父亲的关节炎,才将此药取名为阿司匹林(aspirin),并开始向全世界推荐。

近年来的临床应用及研究又发现,阿司匹林还有很多其他功效,这更让它青春焕发,生命力和声誉不减当年,成为"宠药"和"神奇药"。

多年来,阿司匹林都作为解热镇痛药的代名词,在临床上广泛用于各种原因引起的发

热、头痛、牙痛、肌肉痛、关节痛、腰痛、月经痛以及术后小伤口痛等，效果很好。该药有较强的抗炎功效，治疗急性风湿热、类风湿性关节炎，多在用药后24~48h即可退热，关节红肿疼痛症状明显减轻。因此，它一直是治疗类风湿性关节炎、骨关节炎等的首选药物之一。阿司匹林还可用于治疗胆道蛔虫引起的胆绞痛（可使虫体退出胆道）。其粉末局部用药治疗足癣的疗效颇佳。阿司匹林对抑制血小板聚集有独特功效，能阻止血栓形成，用它防治脑卒中、冠心病、糖尿病性失明等，均能收到一定效果。

三、别让胃那么酸——常见的胃酸中和剂

人的胃酸中含有5%的盐酸，一旦其分泌过量或胃黏膜抗消化的能力下降，酸液便会侵蚀胃壁而产生疼痛。中和性止酸剂是弱碱性的药物，能与盐酸发生反应，使胃液不至于过酸，迅速缓解疼痛症状，临床使用很广泛，价格也较便宜。此药不宜单独使用，只作为治疗消化性溃疡的辅助用药。

作为胃酸中和剂要满足的条件是：①为难溶的弱碱，和胃酸反应较为缓和；②溶解后的产物对胃黏膜无刺激，对人体无毒性作用；③相对比较稳定，容易加工、储存和运输，且价格低廉。

小苏打呈弱碱性，口服后可以一定程度上中和胃酸，但是小苏打本身对胃黏膜呈现一定的刺激，故当胃酸增多时，不建议口服小苏打来中和胃酸。可以口服质子泵抑制剂，如兰索拉唑、雷贝拉唑、奥美拉唑、泮托拉唑等；也可以口服组胺H2受体拮抗剂，如西咪替丁、法莫替丁、雷尼替丁等；再就是口服胃黏膜保护剂，如铝碳酸、复方铝酸铋颗粒、果胶铋、枸橼酸铋钾等保护胃黏膜；还可以口服吗丁啉、胃复安等胃动力药物，促进胃酸的排空，减轻胃酸对胃黏膜的刺激。

氢氧化铝也是一种胃酸中和剂，是西药胃舒平的主要成分。氢氧化铝用作胃酸中和剂，主要原因在于它和胃酸反应后的产物为铝盐，对肠胃温和不刺激，而且氢氧化铝是一种很弱的碱，中和胃酸的过程很缓和，不会对胃黏膜产生伤害。

但这些药并不能从源头上阻止胃酸的分泌，因此，只能用于病情较轻或情况紧急时。

由胃壁细胞分泌的胃酸还是诱发消化性溃疡的主要因素。胃壁细胞膜的H2组胺受体、M胆碱受体、促胃液素受体与胃酸分泌有关，这些受体最后介导胃酸分泌的共同途径是激活H^+/K^+-ATP酶（又称质子泵）。因此，M受体、H2受体和促胃液素受体的阻断药，以及H^+/K^+-ATP酶抑制药均可抑制胃酸分泌，都可用于消化性溃疡的治疗。

H2受体拮抗剂能阻止组胺与H2受体结合，抑制胃酸分泌，该类药物价格便宜，临床上特别适用于根除幽门螺旋杆菌疗程完成后的后续治疗，及半量作为长期维持治疗。常用药物有西咪替丁、雷尼替丁、法莫替丁等。

替丁类药物学名叫组胺H2受体拮抗剂，因这类药物的名字中都含有"替丁"二字，因此俗称替丁类药物。替丁类药物是目前治疗消化性溃疡病的首选药物。这类药物的产生被专家称为"治疗消化性溃疡的第一次革命"，足以说明其地位的重要性。但这类药物也有其作用特点、适应证和使用注意事项，胃病患者正确合理使用才能收到最好的疗效。

生活中的化学

雷尼替丁属于第二代 H2 受体拮抗剂，它在化学结构上以呋喃环代替西咪替丁中的咪唑环，副作用更小。法莫替丁则属于第三代 H2 受体拮抗剂，其化学结构上以噻唑环代替西咪替丁中的咪唑环，副作用小，仅有头疼、头晕、便秘、口干、恶心等少见的副作用。新型 H2 受体拮抗剂尼扎替丁和罗沙替丁，前者与雷尼替丁相似，后者是壁细胞上组胺 H2 受体高度选择性和竞争性拮抗剂，两者长期服用副作用轻微，偶有便秘和腹泻等表现。

总体来说，替丁类药物的副作用比较小，总发生率低于 3%。患者可以在考虑用药安全的前提下，选择副作用较小的雷尼替丁和法莫替丁。用药期间即使发生药物不良反应，在医生的指导下，及时予以减量、停药或更换药物，并酌情给予相应的治疗，一般都能很快地恢复。目前认为，西咪替丁价格便宜，但抑酸作用弱，副作用相对较大；法莫替丁抑酸作用最强，副作用轻微，但价格较贵；雷尼替丁抑酸作用强于西咪替丁，略弱于法莫替丁，副作用轻微，价格便宜，是性价比较高的替丁类药物。

四、茶水服药，究竟行不行

"吃药时到底能不能喝茶水？"这是人们经常问到的问题，也是口口相传的生活禁忌之一。茶水中有咖啡因和茶多酚等生物活性物质。它们在人体内的代谢涉及许多生化反应。药物吃进体内，咖啡因和茶多酚等物质的代谢可能影响到药物在体内的反应。这种影响，有可能是降低了药物的代谢速度或者抑制其作用，也有可能促进了药物的代谢速度或者加强其作用。当然，也有很多药物，不会受到咖啡因的影响。

我们吃药是为了治病，降低了药物的代谢速度或者抑制其作用，显然不利于康复。而那些被咖啡因促进代谢或者加强了作用的药物，实际上也对健康不利。药物都有副作用，对于特定的病人和症状，用什么药、用多少药，医生都有一定的标准。这种标准，是基于正常的代谢情况。如果因为咖啡因或者其他物质促进了代谢或者加强了药效，那么就相当于"药过量了"，就可能导致过大的副作用。

能否用茶水服药，不能一概而论，在多数情况下，不主张用茶水服药，尤其是硫酸亚铁、碳酸亚铁、枸橼酸、铁胺等含铁剂，氢氧化铝等含铝剂的西药，遇到茶汤中的多酚类物质与金属离子结合而沉淀，会降低或失去药效。此外，茶叶中含有的咖啡因（亦称咖啡碱）具有兴奋作用，因此服用镇静、催眠、镇咳类药物时，也不宜用茶水送服，避免药性冲突降低药效。

服用制剂，如蛋白、淀粉时，也不宜饮茶，茶叶中的多酚类可与酶结合，降低酶的活性。某些生物碱制剂以及阿托品、阿司匹林等药物，也不宜用茶水送服。服用痢特灵，少量饮茶可引起失眠，大量饮茶可使血压升高。一般认为，服药后 2h 内停止饮茶。然而，服用维生素类药物、兴奋剂、利尿剂、降血脂、降血糖、升白类药物时，一般可用茶水送服。例如，服用维生素 C 后饮茶，茶中含有丰富的儿茶素，可以帮助维生素 C 在人体内吸收和积累。而且茶叶本身具有兴奋、利尿、降血脂、降血糖、升白等功能，服用这类药物时，茶水有增效作用。

五、无痛拔牙的秘密

拔牙术是齿槽外科常见的手术方法之一,对于阻生齿,残冠残根和正畸需要减数的牙齿均应用拔牙术进行拔除。传统拔牙术主要应用骨锤、骨凿和牙挺等拔牙器械,利用杠杆、轮抽等原理进行患牙拔除。缺点是手术创伤较大,术中和术后并发症发生率较高。目前无痛微创拔牙技术逐渐应用于齿槽外科治疗中,并获得了较好的应用效果。

无痛微创拔牙技术逐渐应用于临床,通过应用无痛麻醉药仪进行麻醉,从手术开始即保证整个过程无痛,然后应用45°反角涡轮手机和专用拔牙长车针进行去骨和分冠,从而轻松地拔除患牙。无痛微创拔牙技术整个过程中几乎不会产生疼痛感,患者心理状态更为放松;通过高速涡轮手机进行去骨和分冠,避免了传统拔牙器械的暴力操作,术中断根,骨折和对颞下颌关节(TMJ)损伤的发生概率均明显下降;同时高速涡轮手机快速切割,手术操作时间明显缩短,术中出血量减少,局部组织破坏也更小,术后创口恢复更快;应用无痛微创拔牙术进行牙齿拔除后,术后并发症概率和术中断根概率均明显下降,手术操作时间明显缩短,疼痛程度减轻,患者对治疗过程满意度更高;无痛微创拔牙技术相比传统拔牙在齿槽外科中的应用价值更高。

六、烟酰胺——美白界的"万金油"

烟酰胺是一种水溶性的维生素,它是烟酸的衍生物。烟酰胺可以说是护肤界的"万金油",各个护肤品牌都在争相提纯利用,加入自己旗下的保养品中。烟酰胺到底有多少护肤功能才被称为"万金油"呢?一起来了解下吧。

1. 美白

烟酰胺的主要功能是美白,它能作用在已经生成的黑色素上,通过干扰角化细胞同黑色素细胞之间的信号通道,减少黑色素细胞向表层转移。另外,能加快肌肤细胞的代谢,含有黑色素的表皮细胞也会被尽快代谢掉。有研究表明,烟酰胺的浓度在5%时,对黄褐斑和紫外线造成的黑色素沉着有显著的淡化效果。

2. 抗衰老

烟酰胺能加快皮肤的新陈代谢,对皮肤抗衰老也有帮助。除此之外,烟酰胺还有减少真皮层内胶原蛋白降解的功能,主要针对紫外线照射时造成的胶原蛋白降解,对减少皮肤的松弛老化很有帮助。

3. 修复受损屏障

大多数的皮肤受损是皮肤表层脂质中的神经酰胺、胆固醇等大量流失导致的,使皮肤

生活中的化学

的自我保护能力减弱，保水能力降低，耐受力也降低。屏障保护功能的减弱，让受损皮肤经常出现泛红、过敏的情况。而烟酰胺能够促进皮肤表层神经酰胺的合成，还能促进皮肤表层蛋白质的合成，增加皮肤表层的含水量，强化皮肤的耐受力和屏障功能，从而减少皮肤水分流失和过敏泛红情况。

4. 控油收毛孔

烟酰胺能减少皮脂中脂肪酸和甘油三酯的生成，即便是炎热的季节，皮肤也是比较清爽的。这些油脂成分减少，从而减少了毛孔被堵塞的可能，还能降低青春痘、粉刺、痤疮等肌肤问题的产生。

思考题

1. 药物对改善人类健康和延长人类寿命起了不可忽视的重要作用，而古人又云："是药三分毒。"那么对于药物与健康的关系，你怎么理解？

2. 长期滥用抗生素引发日益严重和广泛的细菌耐药性，导致多种耐药菌株大量出现。有些毒力很强且耐受大多数高效抗生素的超级细菌也因此产生，这也是近年来"抗生禽畜""耐药宝宝""超级细菌"产生的原因。对此，你有何看法？

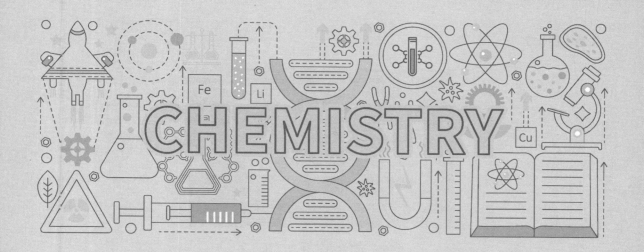

第六章
环境与化学

随着经济和社会的发展，人类对化石原料的需求量迅速增加，有害物质的排放量也日趋增大，造成了越来越严重的地球环境问题，其中以温室效应造成的地球升温问题影响范围最大，问题最严重。温室效应对气候、生态环境及人类健康等多方面带来影响，如厄尔尼诺现象频繁发生，土地侵蚀加重，旱涝灾害严重等。气候变暖还将引起全球疾病的流行，严重威胁人类的健康。

气温升高使冰雪融化、使海平面升高，如图 6-1、图 6-2 所示，这都是温室效应带来的危害。

图 6-1　气温升高使冰雪融化

生活中的化学

图 6-2　气温升高使海平面升高

第一节
生命之气

一、维持生命之气——氧气

如图 6-3 所示，绿色植物悄无声息地吸收着空气中的二氧化碳并释放出氧气（O_2），这个过程称为光合作用。光合作用不仅能生产我们呼吸所需要的氧气，它还能调节空气中二氧化碳的含量。

图 6-3　植物进行光合作用

人们发现氧气及对其化学性质的探索历程，众说纷纭。目前学术界比较认可的说法是，1774 年，英国化学家约瑟夫·普利斯特里发现了氧气。

氧气的发现过程说明了一个简单但很重要的结论：空气不是单一物质，而是由多种成分组成。化学家们已经分离出了很多种气体——包括二氧化碳、氢气、硫化氢、氰化氢，但它们当中哪种是我们呼吸所必不可少的？这在当时，仍未可知。

英国博学家约瑟夫·普里斯特里利用所知的各种"空气"进行实验，观察到一个关键现象："固定的空气"（二氧化碳）对于动物来讲是"毒药"，但却不能杀死绿色植物。在装有二氧化碳的密闭容器中，植物能够以某种方式将容器内的空气"解毒"。当时的人们已经知道动物的呼吸能够产生二氧化碳，普利斯特里猜测植物能够通过某种方式将二氧化碳吸收并相应地释放出其他气体，从而维持外部气体的平衡。1774年，他又做了另外一个实验，在放大镜下利用阳光将氧化汞加热，氧化汞开始分解并释放出气体，他发现这种气体并没有将老鼠杀死，也没有使火焰熄灭，反而火焰烧得越来越旺。据此，他认为该气体与密闭容器实验中植物所释放的气体应该是相同的。普里斯特里同时发现：吸入这种气体还使他心旷神怡。

1778年，拉瓦锡将普利斯特里发现的这种新气体命名为氧气，它能够助燃，能够在金属或其他元素燃烧过程中与之结合，又是动物赖以生存的基础条件之一。

氧气在空气中的体积分数是21%，氧是地球地壳中丰度最高的元素，其次为硅。几乎所有种类的矿物中都含有氧，以质量分数计，水中的绝大部分都是氧元素。氧元素是太阳上丰度位列第三的元素，它参与了碳-氮循环，后者是这颗恒星的部分能量来源。火星的大气中包含大约0.15%的氧气。很多的有机化合物中都含氧。多数有机体需要呼吸氧气，氧气过少会导致人体窒息，氧气浓度过高的空气则会大大增加可燃物的燃烧率，有引发火灾的危险。

二、神奇的氮气

18世纪时，人们认为在空气中至少包含两种气体，一种可以维持生命活动，而另一种却不能。氮元素是1772年由卢瑟福发现的，卢瑟福把氮气称为"有毒空气"。但是大约在同一时间，舍勒、卡文迪许、普里斯特里等人则把去除了氧气之后的空气称作"燃烧后的"或"脱燃素的"空气。

氮气是地球上储量最为丰富的气体，氮气在大气中的体积分数是78%，但在火星大气中却不到3%，由于我们所居住的地球气候温暖，所以它一般处于气体状态。如果将它冷却至-196℃，它会凝结成稀薄清亮的液体。1883年，波兰物理学家齐格蒙特·莱夫斯基和他的同事通过一系列繁复的气体冷却与突然膨胀过程完成了这一创举——第一次人工制备了液氮。

氮是蛋白质和核酸等生物分子中的关键成分，氮循环在自然界中是十分重要的。纯氮可以通过使人体同氧气隔绝而导致窒息。某些含氮化合物，如高浓度的氨气（NH_3）是有毒的。还有一些含氮化合物有剧毒，如氰化物。氮是肥料的组成成分，但是含有肥料的水进入水系是导致水污染的主要原因。有些植物，如三叶草、大豆，其根部的细菌可以把大气中的氮"固定"下来，所以这些植物在"轮作制"中有很重要的作用。

三、地球生命的保护伞——臭氧层

所谓臭氧是指每个分子中有三个氧原子的氧气，它不同于人类和生物界所呼吸的氧气（O_2）。

生活中的化学

1840 年，德国化学家克里斯汀·弗里德里希·舒恩贝恩在实验室里进行水的电解实验时，闻到了一种特殊的臭味，这是发现新物质的证据，他将这种气体命名为臭氧（ozone）并进行了详尽的描述。20 多年后，瑞士化学家雅克·路易斯·索雷大胆提出：这种气体其实是一种氧气的新形式。这使得臭氧成为第一个被认定的"同素异形体"。所谓同素异形体是指具有同一种元素但具体形态不同的物质，比如：氧气（分子式为 O_2）与臭氧（分子式为 O_3），臭氧是气体，冷却液化可使其变成具有爆炸性的蓝色液体，如进一步冷却，它可以变成深紫色固体。

低浓度的臭氧可消毒，浓度达到 0.1 μL/L 及以上的臭氧有毒。臭氧会在大气层上方形成臭氧层，臭氧层一般位于 10～50km 高度之间的大气层。臭氧虽然只有 3mm 的一层，但由于能吸收 99%以上的紫外线，它就像一把无形的大伞，对保护地球上的生命免受紫外线袭击起到了至关重要的作用。

平流层的臭氧始终处于形成与损耗的动态平衡之中，其浓度也并不是一成不变的，随着季节和太阳辐射等条件的变化，臭氧会形成或被破坏。排除人为影响，臭氧基本上保持稳定的浓度。但由于工业科技的发展和超音速飞机的出现，平流层大气直接受飞机排出的水蒸气、氮氧化物等物质的污染，用于空调及冰箱制冷剂的氟利昂、电子工业及干洗业中用作清洗剂的四氯化碳（CCl_4）和 1,1,1-三氯乙烷（CH_3CCl_3）也是污染和破坏臭氧的元凶和帮凶。

太阳光中的紫外线分为三个波段，100～295nm 的 UV-C 对生物的危害最大，但被臭氧层全部吸收；295～320nm 的 UV-B 对生物有一定的危害，大部分被臭氧层吸收；320～400nm 的 UV-A 对生物基本无危害，全部通过臭氧层。UV-B 伤害脱氧核糖核酸（DNA），影响人体免疫功能，使包括艾滋病病毒在内的多种病毒活力增强；破坏植物光合作用，使农业减产；破坏浮游生物的染色体和色素，影响水生食物链，减少水产资源；加速橡胶塑料的老化。联合国环境署（UNEP）报告指出，臭氧层减少 10%，皮肤癌发病率将增加 26%。同时紫外线辐射可能导致生物物种变异，而且还会低层变暖、高层变冷，导致全球气候大气环流的紊乱和冷热失衡。

1985 年，南极上方出现了臭氧层空洞；1989 年又发现北极上空正在形成另一个臭氧层空洞，这些空洞每年在移动，而且面积在不断地扩大。1998 年，我国科学家发现，我国青藏高原上空也出现了臭氧空洞。1994 年，国际臭氧委员会宣布，1969 年以来，全球臭氧层总量减少了 10%，南极上空的臭氧层则下降了 70%。臭氧层空洞的出现，意味着有更多的紫外辐射线到达地面，如图 6-4 所示。

图 6-4　紫外线透过稀薄的臭氧层

为控制大气中臭氧，使人类免受太阳紫外线的辐射，1985 年，在联合国环境规划署的推动下，制定了保护臭氧层的《维也纳公约》。1987 年联合国规划署组织了《关于消耗臭氧层物质的蒙特利尔议定书》签约仪式，世界发达国家首先在蒙特利尔签订公约，限制氟氯化碳化合物的生产，并要求在 20 世纪末停止使用。据联合国环境规划署测算，如果蒙特利尔议定书得到全面顺利的执行，臭氧层将在 2050 年得以恢复。

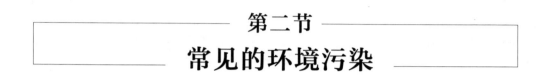

一、铅的污染

铅在地壳中的质量分数为 1.6×10^{-5}，排在元素含量的第 35 位。铅是人类认识最早的几种金属之一，古巴比伦人、古犹太人、古罗马人、古代中国都有使用铅的悠久历史。铅的用途非常广泛，如大家熟悉的熔断丝、焊料等中都含有铅。此外，铅还可用于颜料、石油防爆剂、蓄电池等。

铅是环境污染物中毒性很大的一种重金属，在自然界中分布广，工业用途多。铅在为人类服务的同时，也污染了环境，危害了人体的健康。随着我国工业及交通运输业的迅猛发展，环境铅污染日趋严重。由于铅中毒相当缓慢而又隐蔽，所以尽管人类使用铅的历史已有 4000 余年，直至近 200 年才认识到它的毒性。

克莱尔·卡梅伦·帕特森是较早发现铅的毒害的美国地质学家。长期以来，他致力于研究长寿命放射性同位素测年技术，即利用同位素的半衰期来测定物质年份，这项技术源自碳-14 年代测定法。放射性铀元素经过若干次衰变，最后变成铅的同位素，它的半衰期非常长，达到了亿年量级，所以通过测定物质中不同铅同位素的组成与比例就能测定出物质存在的时间。1956 年，帕特森利用这一技术首次测定了地球的年龄约 45 亿年。

帕特森在进行定年测定的过程中，需要对众多样本中的铅含量进行精确的分析，他注意到释放到环境中的铅已经多到令人震惊的程度，无论是大气、水体还是食物链中累积的铅含量都很高。通过研究发现，汽油中添加的四乙基铅是造成上述铅污染的"罪魁祸首"，于是，1973 年，美国正式发布了关于淘汰含铅汽油的计划，1988 年实现了车用汽油的无铅化。我国 1997 年 6 月，北京城八区实现了车用汽油的无铅化。2000 年 1 月，全国停止生产含铅汽油，同年 7 月停止使用含铅汽油，全国实现了车用汽油的无铅化。

无铅汽油的含义是指含铅量在 0.013g/L 以下的汽油，用其他方法提高车用汽油的辛烷值，如加入 MTBE（甲基叔丁基醚）等。使用无铅汽油能够减少汽车排放尾气中的铅化合物，减少污染，对保护环境起到一定的积极作用。

铅主要损害神经系统、血液系统、心血管及消化系统。铅的毒性与年龄密切相关，由于儿童生理和发育上的特点，在铅的吸收、分布及排泄过程中具有吸收多、排泄少，骨骼中的铅较易向血液及软组织中移动等特点。因此，儿童对铅的作用更为敏感。

我国的儿童铅中毒是比较重要的公共卫生问题，早在 20 世纪 80 年代，对十几个主要城市的调查表明，有的城区约 50%的儿童血铅浓度超过了儿童血铅浓度上限值。儿童铅中毒的预防及治疗方法有：①消除环境铅污染；②进行儿童铅中毒的健康教育，如劝阻儿童不吃含铅量高的食品，吃水果要洗净或削皮；③对血铅超标的儿童进行驱铅治疗以减少铅对儿童健康的危害。

二、工业染料的危害

人类在发明纺织的同时，也发展了染色技术，其历史可追溯到史前的远古时期。3000 年前古埃及和美索布达米亚人已掌握了织物染色技术，在古埃及尼罗河畔金字塔的墓壁上就有了红色和蓝色的染色织物。约 2500 年前，印度已有从茜草中提取茜红和从蓝草中提取靛蓝染棉织品的记录。茜草的浸渍液经处理后可染红色；蓝草的浸渍液经氧化后可染蓝色。19 世纪前染色和印花所用的染料都是天然动植物、矿物染料。天然染料主要从植物的花、叶、树皮、根及果实的浸渍溶液中提取。黄酮类染料即为天然植物染料的典型代表。

人类的合成染料工业始于 19 世纪中叶。最早的记录是在 1856 年英国伯琴（W.H.Perkin）首次生产了苯胺紫染料即马维紫供染色使用，开创了化学合成染料工业的新纪元。从此化学合成的染料如碱性品红、碱性品绿、碱性品紫等染料相继出现。这些染料都是以苯胺及衍生物为原料生产的，所以称为苯胺染料。合成染料的华丽色彩受到了人们的青睐。

天然食品本身的色泽是食品的重要感官指标，但是天然食品在加工保存过程中容易褪色或变色，为了改善食品的色泽，人们常常在加工食品的过程中添加食用色素，以改善感官性质。我国国家标准中对使用色素的种类、使用范围和限量都做了明确的规定，只要按照国家规定在限量值范围内添加，不会对人体健康造成伤害。但一些不法商贩抵挡不住利润的诱惑，违法使用工业染料代替食用色素加入食品中，如在腊肠中添加玫瑰红，用碱性橙对劣质豆制品进行着色等，从而对人体健康形成严重威胁。

有专家指出，21 世纪染料科技和染料工业的发展趋势是在现有的基础上，进行"三 C"工程技术创新改造：理论研究和结构设计开发创新（creation）；生产的清洁和环境友好创新（cleaning production）；商品化技术创新（commercialization technique）。随着国家对产业结构调整和节能减排工作的大力推进，出台的一系列政策法规频频向纺织印染产业发出警示。

总之，国家对染料产业的生态、安全和环保要求会不断提高，为应对"绿色产品"和"绿色工艺"的市场竞争，中国染料产业在染料产品结构调整的同时注重与根除或减轻三废的"绿色工艺-环境友好工艺"开发相结合，通过节能减排技术、先进设备的创新研发，大力发展绿色环保型产品和清洁型生产工艺、整合产业链并加快染料产业转型升级发展。

三、CO 的危害

一氧化碳又称煤气，主要通过呼吸道进入人体引起中毒。人吸入一氧化碳后，经肺进入血液，很快形成碳氧血红蛋白，碳氧血红蛋白对一氧化碳的亲和力大约为它同氧气的亲和力的 210 倍，从而使血红蛋白丧失运输氧气的能力。因此，人一旦吸入一氧化碳，它就和血红蛋白结合起来，减少了血液载氧能力，使身体细胞得到的氧减少，最初危害中枢神经系统，发生头晕、头痛、恶心等症状，严重时窒息、死亡。

一氧化碳可由多种化学反应过程自然产生，其中最常见的反应就是含碳的燃料（树、草等）不充分燃烧过程。当这些燃料在缺乏足够氧气的环境中燃烧时，所含的碳不能被充分氧化，于是其中的一部分碳就变成了一氧化碳。

一氧化碳也可以由有生命的绿色植物在阳光照射下产生，还可以从死亡腐烂的植物中、泥土和湿地中、稻谷中以及细菌、海藻、水母等其他生活在海洋的生物中产生。当空气中的甲烷与羟基发生反应，先生成甲醛（HCHO），然后甲醛分解产生一氧化碳。

大气层中一氧化碳约有一半是自然产生的，而另一半则是通过人为排放产生的。自然产生的一氧化碳一般认为不属于环境问题，因为它们在大气层中分布十分广泛。人为排放的一氧化碳通常在大气层中分布不均匀，在城市中心等地区的大气中，往往由于汽车尾气排放等原因，会积累到较高浓度，对生命健康造成危害。

控制一氧化碳的排放量的方法，最重要的是提高燃烧效率。

（1）将一氧化碳进行转化　燃烧效率提高从而排放更少的一氧化碳气体。要达到这种目的的一种设备就是催化转化炉，催化转化炉对汽车排放的尾气进行了二次氧化，使得一氧化碳和其他未充分燃烧的燃料在排放到大气中之前可以被再次氧化。

（2）燃料中加入能够助燃的物质　含有这种添加剂的燃料称为含氧汽油。含氧汽油是新配方汽油的一种形式，所谓新配方汽油就是指那些经特殊处理可以得到更高的燃烧效率而产生更少的一氧化碳和其他污染物的汽油。添加到含氧汽油中的添加剂是醇类和醚类，其中最常用的就是乙醇和甲基叔丁基醚，而乙基叔丁基醚和叔戊基甲基醚使用较少。

四、酸雨的危害

1. 什么是酸雨

"酸雨（acid rain）"这一术语是在 1872 年由英国化学家罗伯特·安格斯·史密斯首先提出的，他在研究中确认自己所发现的酸雨现象是由曼彻斯特地区大量的工厂所产生的浓烟造成的。此后的 70 多年间，史密斯的研究并没有在科学界造成很大的影响。20 世纪 60 年代，瑞典土壤学家凡特·奥登发现酸性降雨在欧洲是大范围出现的现象，他所做的工作在阻止酸雨产生中是一个重要的转折点。酸雨已经成为当代区域性环境污染问题之一。

并非 pH＜7 的降雨皆为酸雨，通常情况下，正常的雨水都是偏酸性，其 pH 为 5.6～7.0。这是因为雨水中溶解空气中 CO_2 气体生成碳酸的缘故，一般认为当雨水的 pH＜5.6 时称为酸雨。所谓"酸雨"，就指酸性强于"正常"雨水的降水，其酸度可能高出正常雨水 100 倍以上。

酸性降水是指通过降水，如雨、雪、雾、冰雹等将大气中的酸性物质迁移到地面的过程。最常见的就是酸雨。这种降水过程称为湿沉降。与其相对应的还有干沉降，这是指大气中的酸性物质在气流的作用下直接迁移到地面的过程。这两种过程共同称为酸沉降。酸性降水的研究始于酸雨问题出现之后。

2. 影响酸雨形成的因素

大气中的 SO_2 和 NO_2 经氧化后溶于水形成硫酸、硝酸或亚硝酸，这是造成降水 pH 值降低的主要原因。除此以外，还有许多气态或固态物质进入大气对降水的 pH 值也会有影响。

（1）酸性污染物的排放及其转化条件　从现有的监测数据来看，降水酸度的时空分布与大气中 SO_2 和降水中 SO_4^{2-} 浓度的时空分布存在着一定的相关性。这就是说，某地 SO_2 污染严重，降水中 SO_4^{2-} 浓度就高，降水的 pH 值就低。如我国西南地区煤中含硫量高，并且较少经脱硫处理，就直接用作燃料燃烧，SO_2 排放量很高。再加上这个地区气温高、湿度大，有利于 SO_2 的变化，因此造成了大面积强酸性降雨区。

（2）大气中的 NH_3 影响酸雨形成　已有研究表明，降水 pH 值取决于硫酸、硝酸与 NH_3 以及碱性尘粒的相互关系。NH_3 是大气中唯一的常见气态碱。由于它易溶于水，能与酸性气溶胶或雨水中的酸起中和作用，从而降低了雨水的酸度。当大气中酸性气体浓度高时，如果中和酸的碱性物质很多，即缓冲能力很强，降水就不会有很高的酸性，甚至可能成为碱性。在碱性土壤地区，如大气颗粒物浓度高时，往往会出现这种情况。相反，大气中 SO_2 和 NO_2 浓度不高，而碱性物质相对更少，则降水仍然会有较高的酸性。

由此可见，降水的酸度是酸和碱平衡的结果。如果降水中酸量大于碱量，就会形成酸雨。

3. 酸雨对环境的影响

（1）对淡水水体的影响　酸性降水对环境的影响已经被研究得最彻底的部分就是它对湖泊、池塘和其他淡水水体的影响。当酸和氮氧化物、硫氧化物进入这些水体中时，湖泊或池塘里水的 pH 值往往都会下降。pH 值的降低（酸度的升高）对水生生物的生存产生了很大的威胁。例如在 pH 值约为 6.0 的水中，蜗牛和甲壳类动物就开始死亡。在 pH 值达到 5.5 时，比较敏感的鱼类如鲑鱼、鳟鱼也开始死亡。而当水的 pH 值下降到 4.5 以下时，鳗鱼等生命力最顽强的水生生物也开始死亡。

不同的湖泊对于酸雨的反应也是千差万别，这主要取决于湖底的岩石。比如处在石灰石岩层上的湖水，由于得到石灰石缓冲能力的保护而在一定程度上受到酸雨的影响比较小，其化学原理如下：

$$CaCO_3 + 2H^+(aq) \longrightarrow Ca^{2+}(aq) + CO_2(g) + H_2O(l)$$

碳酸钙造成的氢离子的转化往往能够使得湖水酸度不会增加，起到保护湖水的作用。相反，如果湖水处在花岗岩的岩层上，就不会产生这种缓冲的效果。因此当相同酸度的酸雨落在这样的湖水中时，湖水的酸度往往就要比石灰石岩层上的湖水要高。

（2）对植物的生长影响　酸雨中的酸性物质对植物的生长造成了严重的威胁。氮氧化物和二氧化硫对植物都有毒害作用。例如在浓度低于 $0.1\mu L/L$ 时，二氧化硫就会明显抑制植物的生长。如果浓度进一步升高，在 $0.1\sim1.0\mu L/L$ 之间时，暴露在其中的植物不出几个小时其受到的损害就开始明显表现出来。pH 值的降低对植物的生长也具有损害作用，这种损害既包括对植物本身直接造成的损害，也包括对植物生长扎根的土壤酸性的破坏。

（3）对建筑物的破坏　酸雨对高楼、雕塑、纪念碑以及其他由金属和石头制造的建筑物也具有明显的破坏作用。原因很简单，酸性降水中的酸会与金属以及构成岩石和其他建筑材料的某些化合物发生反应。例如在氧存在的情况下，金属铁与氢离子接触就会发生腐蚀作用：

$$2Fe(s) + O_2(g) + 4H^+ \longrightarrow 2Fe^{2+}(aq) + 2H_2O(l)$$

随着空气中酸度的增加，腐蚀的速度也会相应地增加。再如石灰石材料，当石灰石（碳酸钙）暴露在酸性环境中时，酸就会将石灰石分解。

酸雨对人体的危害也十分明显，联邦德国曾有科学家认为，酸雨可能导致癌症、肾病和先天性缺陷患者大量增加，不少人还因酸雨得眼疾、结肠癌等一些疾病。

五、被夺走的呼吸——刺激性气体、窒息性气体和粉尘

1. 大气的主要组成

大气的主要成分包括：N_2（78.08%）、O_2（20.95%）、Ar（0.934%）和 CO_2（0.0314%），这里的百分数为体积分数。此外几种稀有气体，He、Ne、Kr 和 Xe 的含量相对来说也是比较高的，上述气体约占空气总量的 99.9%以上。而水在大气中的含量是一个可变值，在不同的时间、不同的地点以及不同的气候条件下，水的含量也不一样。其数值一般在 1%～3%范围内发生变化。除此之外，大气中还包含很多痕量组分，如 H_2、CH_4、CO、SO_2、NH_3、N_2O、NO_2、O_3 等。

2. 大气污染

大气污染（图 6-5）是指由于人类活动或自然过程，改变了大气层中某些原有成分或增加了某些有毒有害物质，致使大气质量恶化，影响原来有利的生态平衡体系，严重威胁着人体健康和正常工农业生产，对建筑物和设备财产等造成损坏，这种现象称为大气污染，也称空气污染。

图 6-5　大气污染

按照国际标准化组织（ISO）对大气和空气的定义：大气是指环绕地球的全部空气；空气是指人类、植物、动物和建筑物暴露于其中的室外空气。在这一领域中，"空气"和"大气"常混用。但"大气"的范围比"空气"的范围大得多。

中国的大气环境污染以煤烟型为主，主要污染物为总悬浮颗粒物和二氧化硫，这种特点是因为中国一次能源的三分之二是煤，并且在今后相当长一段时间内不会改变。由于煤炭使用效率不高，适合国情的脱硫技术开发落后，污染治理缺乏力度等，造成我国二氧化硫年排放量居高不下。目前我国少数特大城市，如北京、上海、广州等，均属煤烟与汽车尾气污染并重类型。

3. 主要大气污染物

大气中污染物种类很多，不同的污染物对人体健康所造成的危害程度、表现症状也各不相同。

（1）颗粒物　颗粒物对人体健康的影响，取决于颗粒物的浓度和在其中暴露的时间。研究数据表明，因上呼吸道感染、心脏病、支气管炎、气喘、肺炎、肺气肿等疾病而到医院就诊的人员数量的增加与大气中颗粒物浓度的增加是相关的。颗粒物粒径的大小是危害人体健康的另一重要因素，主要原因是：颗粒物的粒径越小，越不容易沉积，长时间飘浮在大气中，容易被人吸入体内，并且容易深入肺部。同时粒径越小，粉尘的比表面积越大，而且尘粒表面可以吸附空气中各种有害气体和其他污染物，成为它们的载体，进一步危害人类健康。

（2）硫氧化物　硫氧化物包括二氧化硫、三氧化硫。人长期吸入二氧化硫会慢性中毒，使嗅觉和味觉减退,其对人体健康的主要影响是造成呼吸道内狭窄,使空气进入肺部受到阻碍,产生慢性支气管炎、哮喘、结膜炎和胃炎等疾病。浓度高时可使人出现呼吸困难,严重者引起肺气肿,甚至死亡。因此,在居民区,大气中二氧化硫的最高允许浓度一次大气测定值为 $0.50mg/m^3$。长时间处于二氧化硫含量较高环境中的人(例如精炼厂工人)可能会产生严重的、长期的健康问题,如哮喘、慢性支气管炎、肺病或肺气肿。除了对人类健康造成危害以外,由于二氧化硫气体而形成的酸雨对物理和生物环境所造成的影响则更加严重。

二氧化硫是无色、有强烈刺激性臭味的气体,味道与燃烧的火类似。在浓度约为 $0.5\mu L/L$ 或更高的环境中,绝大部分人都能够察觉这一极其特殊的气味。二氧化硫易溶于水,形成亚硫酸(H_2SO_3)。

二氧化硫主要有自然的和人为的两种产生来源。最重要的自然来源是火山喷发,据估计火山喷发产生的二氧化硫的量占所有自然排放的二氧化硫量的约 40%。由于火山喷发属于偶发事件,因此每年由于该原因所产生的二氧化硫的量变化范围较大。二氧化硫气体另一重要的自然来源是森林火灾和其他的自然燃烧、生物腐烂和有机生物体的代谢过程,特别是海洋浮游生物和细菌的新陈代谢。二氧化硫最主要的人为来源是工业生产排放(图 6-6)。

图 6-6　工业生产排出的大量废气

4. 大气污染对人体健康的影响

大气污染对人体健康的影响,一般可分为以下两种情况。

(1) 急性危害　人在高浓度污染物的空气中暴露一段时间后,马上就会引起中毒,这就是急性危害。最典型的是 1952 年 12 月伦敦烟雾事件和 1984 年 12 月的印度博帕尔毒气泄漏事件。

1984 年 12 月 3 日,印度博帕尔农药厂的地下储气罐的有毒气体泄漏,毒气中含有的甲基异氰酸盐是一种剧毒低沸点易燃液体,遇水强烈水解,具有特殊臭味,蒸气和液体对眼睛、黏膜、呼吸道及皮肤有强烈的刺激作用,吸入少量即可使动物死亡。这种毒气笼罩了约 $40km^2$ 的地区,波及 11 个居民区,受害者共 20 多万人,造成 2500 多人死亡。毒气泄

生活中的化学

漏使大批食物和水源污染，四千头牲畜和其他动物死亡，生态环境受到严重破坏。

（2）慢性危害　慢性危害就是人在低浓度污染物中长期暴露，污染物危害的累积效应使人发生病状。由于慢性危害具有潜在性，往往不会立即引起人们的警觉，但一经发作，就会因影响面大、危害深而一发不可收拾。慢性危害一般可采取相应的防护措施减少其危害性。

大气污染的控制和治理是一个牵涉面很广的问题，涉及多学科的工程技术、社会经济及管理水平等各方面的因素。从20世纪60年代起，许多国家相继开展大气污染防治的研究，对含硫化合物、氮氧化物、烟尘等主要大气污染物进行了治理研究和工程实践，已初步形成了大气污染防治工程体系。

六、水污染

过去，饮用水中的细菌污染曾是影响人类健康的一个重要因素，由于细菌污染引起的传染病可以使大批人口死亡。现在这一问题已基本得到控制，当然在一些地区的饮用水中还存在这方面的潜在危险。第二次世界大战以来，合成化学品生产的迅速增长，使得现在水质的主要威胁来自有害化学物质的污染。工业污水的排放和农田大量施用杀虫剂、除草剂使地面水受到污染，更严重的是化学废弃物的不适当处理使地下水也受到污染。在水污染事件中最为出名的就是水俣病。

水俣病是公害病的一种，因最早在日本九州熊本县水俣湾的渔村发现而得名。1953年在日本九州熊本县水俣镇发现，爱吃鱼的猫出现了"舞蹈症"，实际上是发狂，出现群猫自杀现象。后来，类似的症状在人身上出现，患者面部痴呆，手脚麻木，言语不清，严重时反复出现昏睡、发疯，直至死亡。经过调查后认为此病系由于含甲基汞废液排入海洋后，人们吃了海洋内含汞量高的鱼、贝而引起的。据统计截至目前，已被正式确认的水俣病患者就有1万多人，部分患者已经死亡。

1. 水质概要

水是地球上分布最广的物质，也是人类与生物体赖以生存和发展必不可少的物质之一。整个地球上的水量约为13.86亿立方千米，主要来自海洋、降雨、地表水（湖泊、河流、水库等）、地下水及生物水等。地球表面有70.8%为海洋所覆盖，海洋占地球总水量的97.5%，淡水只占2.5%，可供人类使用的淡水资源约为0.13亿立方千米，仅占地球总水量的不足1%。

我国水资源比较丰富，约为27210亿立方米，居世界第六位。但由于人口众多，人均水量很少，仅占世界人均水量的1/4，且水资源地区分布非常不均匀，占全国土地面积63.7%的北方地区，其水资源仅占全国水资源的20%，而仅占全国土地面积36.3%的南方地区，水资源却占约80%。随着工农业迅速发展，水资源受到工业废水及生活废水等的污染，水质日益恶化。我国水体检测出持久性有机污染物、内分泌干扰物、药物和个人护理品等污染物,它们将对饮用水的安全产生危害,从而严重威胁人体健康和生态安全,因此控制水体污染、保护水资源仍是刻不容缓的任务。

2. 水体污染及水体污染物

(1)水体污染 水体是水、溶解氧、悬浮物、底泥和水生生物的总称,其含义与水生生态系统含义相当,即水生生物群落同其非生物环境的整体。水体污染造成鱼类死亡见图6-7。

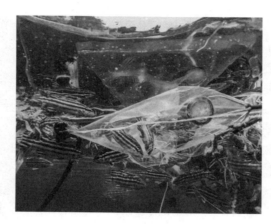

图6-7 水体污染造成鱼类死亡

从本质上说,水体污染就是指水质的恶化。由于人类活动或自然因素的原因,使水的感观状况(即色、嗅、味、浊度)、物理化学性质、化学成分、生物组成以及底质等发生异常变化,这种现象就是水体污染。

严重的水体污染,极大地超过了水体的自净能力,使水体短期内很难恢复到原有的状态。水体的正常功能遭到严重破坏后,将给环境质量、资源质量、生物质量、人体质量及人类经济发展造成严重的危害和损失。

水体污染有两类:自然污染和人为污染。自然污染主要是自然原因造成,如特殊地质条件使某些地区有某种化学元素大量富集,天然植物在腐烂过程中产生某种毒物,以及降水淋洗大气和地面后挟带各种物质流入水体,都会影响当地水质。人为污染是人类生产和生活活动产生的废(污)水、废渣等排入水体造成的,水体污染主要是这一类。

(2)水体污染物 水体污染物按照化学品污染物进行划分,大致可分为四大类型:无机无毒物、无机有毒物、有机无毒物和有机有毒物。

① 无机无毒污染物包括酸、碱、一般无机盐类以及氮、磷等植物营养物质。

② 无机有毒污染物指各类重金属,诸如汞、镉、铅、铬以及砷化物、氰化物、氟化物、放射性物质等。在环境化学领域中,所谓重金属污染物主要是指汞、镉、铅、铬以及类金属砷等具有明显生物毒性的重金属元素,其他一般重金属不在此列。

③ 有机无毒污染物主要是指比较容易降解的有机物,如碳水化合物、脂肪、蛋白质等。

④ 有机有毒污染物包括苯酚、多环芳烃和各种人工合成的具有积累性的难降解有机化

合物，如多氯联苯、有机农药等。

（3）水质量标准　对水中污染物或其他物质的最大容许浓度所作的规定叫作水质量标准或水质标准。水质量标准按水体类型分为地面水质量标准、海水质量标准和地下水质量标准等；按水资源的用途分为生活饮用水水质标准、渔业用水水质标准、农业用水水质标准、娱乐用水水质标准和各种工业用水水质标准等。由于各种标准制订的目的、适用范围和要求的不同，同一污染物在不同标准中规定的标准值也是不同的，例如，铜的标准值在中国的《生活饮用水卫生标准》、《工业企业设计卫生标准》和《渔业水质标准》中分别规定为 1.0mg/L、0.1mg/L 和 0.01mg/L。

（4）水污染的防治　1993 年 1 月 18 日，第 47 届联合国大会作出决定：从 1993 年开始，每年的 3 月 22 日为"世界水日"。这标志着水的问题日益为世界各国所重视。我国把从"世界水日"开始的这一周定为"中国水周"。

广义的水体自净，是指受污染的水体由于物理、化学、生物等方面的作用，使污染物浓度降低，经一段时间后恢复到受污染前的状态；狭义的水体自净是指水体中微生物氧化分解有机污染物而使水质净化的作用。

水体自净能力是有限度的。研究水体自净，就是要探索水体自净的规律，正确计算和评价水体的自净能力，依据最优化设计方案确定所排入污水必须处理的程度，达到有效防治水体污染的目的。

影响水体自净过程的因素很多，主要有：河流、湖泊、海洋等水体的地形和水文条件；水中微生物的种类和数量；水文和复氧（大气中的氧接触水面溶入水体）状况；污染物的性质和浓度等。

水体自净机理包括沉淀、稀释、混合等物理过程，氧化还原、分解化合、吸附凝聚等化学和物理化学过程以及生物化学过程。各种过程同时发生，相互影响，并相互交织进行。一般来说，物理和生物化学过程在水体自净中占主要地位。

① 物理净化过程　污水或污染物排入水体后，可沉性固体逐渐沉到水底形成污泥。悬浮体、胶体和溶解性污染物因为混合稀释，浓度逐渐降低。污水稀释的程度用稀释比表示，对河流来说，即参与混合的河水流量与污水流量之比，污水排入河流需经相当长的距离才能达到完全混合，因此这一比值是变化的。达到完全混合的时间受许多因素的影响。

② 化学净化过程　化学净化过程中化学反应的产生和进行取决于污水和水体的具体状况。如在一定条件下，水体中难溶性硫化物可以氧化为易溶性的硫酸盐；可溶的 +2 价铁、锰的化合物可以转化为几乎不溶解的 +3 价铁、+4 价锰的氢氧化物而沉淀下来。又比如水体中硅、铝的氧化物胶体或蒙脱石、高岭石一类胶体物质，能吸附各种阳离子或阴离子而与污染物凝聚并沉淀。

③ 生物净化过程　悬浮和溶解于水体中的有机污染物，在有溶解氧时会因好氧微生物作用，氧化分解为简单的、稳定的无机物，如二氧化碳、水、硝酸盐和磷酸盐等，使水体得到净化，在这个过程中，要消耗一定量的溶解氧。溶解氧除水体中原有的以外，主要来自水面复氧和水体中水生植物光合作用。在这个过程中，复氧和耗氧同时进行。

对不同水体进行考察并掌握各种水体的自净规律，就能充分利用水体自净能力，减轻人工处理污染的负担，保证水体不受污染，并据此安排合理的生产布局和以最经济的方法控制和治理污染源。

（5）城市废水资源化

① 城市废水资源化的意义　为了解决普遍存在的水资源短缺问题，人们想方设法开发新的可利用水资源。城市废水的水量和水质都比较稳定，经过处理和净化可以作为再生水源进行利用。城市废水资源化成为世界上许多缺水国家解决水资源短缺的重要对策，污水处理后又转化为可利用的水资源，对于城市发展而言，具有双重意义。一是减少城市废水对水环境的污染，二是减少新鲜水的使用，缓解水资源的短缺。

② 废水资源化的途径　经过处理后的城市废水有多种回用途径，可以分为城市回用、工业回用、农业回用（包括牧渔业）和地下水回灌。在工业回用中，主要可以做冷却水；在城市回用中有城市生活杂用水、市政和建筑用水等；农业用水主要是灌溉用水。

七、土壤污染之痛病

20 世纪 50～60 年代，对环境问题尚无足够认识的日本片面追求工业和经济发展，上游铅锌冶炼厂的废水污染，造成稻米含镉量增加，富山神通川流域的一些居民由于长期食用被镉污染的大米——"镉米"，周身剧烈疼痛，甚至连呼吸都要忍受巨大痛苦，至 1979 年已有近百人死于此疾，直接受害者人数更多。"痛病"公害事件是日本留给人类的后果很严重的教训。

1. 土壤污染

土壤环境依赖自身的组成、功能，对进入土壤的外源物质有一定的缓冲、净化能力。土壤的自净能力取决于土壤中所存在的有机和无机胶体对外源污染物的吸附、交换作用；土壤的氧化还原作用所引起的外源污染物形态变化，使其转化为沉淀，或因挥发和淋溶迁移至大气和水体；土壤微生物和土壤动植物有很强的降解能力，可将污染物降解转化为无毒或毒性小的物质。但土壤环境的自净能力是有限的，随着现代工农业生产的发展，化肥、农药的大量施用，工业、矿山废水排入农田，城市工业废物等不断进入土壤，并在数量和速度上超过了土壤的承受容量和净化速度，从而破坏了土壤的自然生态平衡，造成土壤污染。因此，土壤污染是指土壤所积累的化学有毒、有害物质，对作物生长产生了危害，或者残留在农作物中进入食物链，而最终危害人体健康。被污染的土壤见图 6-8。

土壤污染化学的发展相对较晚。20 世纪 70 年代前后土壤污染化学的研究重点为重金属元素的污染问题；到 80 年代，主要研究目标转移到有机物质、酸雨和稀土元素等问题上。在金属及类金属元素的研究中，人们最关注的是硒、铅和铝等元素的化学行为，研究内容集中于化学物质在土壤中的转化降解等行为及元素的形态等。

2. 土壤污染的特点

① 比较隐蔽，具有持续性、积累性，往往不容易立即发现，通常是通过地下水受到污

染、农产品的产量和质量下降，及人体健康状况恶化等方式显现出来。

图 6-8　被污染的土壤

② 土壤一旦被污染，不像大气和水体那样容易流动和被稀释，因此土壤被污染后很难恢复，所以要充分认识土壤污染的严重性和不可逆性。

3. 土壤污染物

土壤污染物是指进入土壤中并影响土壤正常作用，改变土壤的成分和功能的物质。土壤污染物可影响土壤的生态平衡，降低农作物的产量和质量。土壤污染物主要分为无机物和有机物两大类。

① 无机物主要是化肥、盐、碱、酸、氟和氯以及汞、镉、铬、铅、镍、锌和铜等重金属和铯、锶等放射性元素；

② 有机物主要指农药、洗涤剂、多环芳烃、酚类、氰类以及病原微生物和寄生虫卵等。

4. 土壤污染源

土壤污染有天然污染源和人为污染源两大类。

天然污染源包括：某些元素富集中心或矿床附近等地质因素造成的地区性土壤污染；气象因素引起的土壤淹没、冲刷流失、风蚀等；地震、火山爆发等。

人为污染源包括：固体废弃物的污染，如人类生活垃圾、工业渣土、矿山尾矿等；农药、肥料在土壤中的残留、积累，有机肥中的病原菌及寄生虫卵在土壤中滋生；化肥的施用造成土壤的板结，农作物中硝酸盐和亚硝酸盐的积累；劣质水的灌溉，生活污水、工业废水进入土壤，大气污染物通过降水、沉降进入土壤；土壤植被被破坏、大型水利工程等引起土壤的沙漠化、盐渍化。

5. 重金属污染

重金属一般指相对密度大于 5 的金属。土壤中的汞、镉、铬、铅等重金属是土壤的重要污染源。重金属在土壤中污染的特点是毒性效应强，极低的浓度即显示较强的毒性；土壤中的重金属难于被微生物降解，因而长期停留和积累在环境中，无法彻底清除。土壤中重金属的变化仅是化合价和化合物种类的变化，其基本性质没有实质性改变；土壤中的重金属还可被微生物在一定条件下转化成毒性更强的物质，如甲基汞的生成，就是由无机汞经微生物的作用而生成的有机汞。土壤中的重金属离子可被农作物吸收，经食物链浓缩，最后在人体中积累造成中毒，对人类存在重大威胁。

八、电子垃圾

电子废弃物（electronic waste），俗称"电子垃圾"，是指被废弃不再使用的电器或电子设备，主要包括电冰箱、空调、洗衣机、电视机等家用电器和计算机等通信电子产品等电子科技的淘汰品。电子垃圾需要谨慎处理，在一些发展中国家，电子垃圾的现象十分严重，造成的环境污染威胁着当地居民的身体健康。据联合国有关部门统计，每年全球产生的电子垃圾（图6-9）重量约5000万吨，只有20%的电子垃圾得到妥善处理，其余80%被填埋或者非正规处理。如果不改变当前产业发展状况，据预计，到2050年，全球每年产生的电子垃圾将达1.2亿吨，既是资源的极大浪费，也会对环境造成损害。

图6-9　电子垃圾

1. 电子垃圾背后存在的隐患

（1）电子垃圾销毁造成资源浪费　电子垃圾中含有大量的可利用的聚酯、塑料、玻璃、稀有贵金属以及一些仍有用的零部件等资源。如电子板卡中含有黄金，据资料显示，一吨电子板卡中可以提炼得到453g黄金，且电子板卡中铜、锡等贵金属的含量同样相对较大。

（2）翻新电子产品存在极大安全隐患　大量废旧电子产品被低价收购经翻新改装后以次充好再次流入市场。已超过使用年限的二手电子产品不仅增加电耗，而且极易短路造成漏电、爆炸进而引发火灾事故，安全隐患大。

（3）电子垃圾未处理丢弃造成环境污染　电子垃圾中含有许多对环境有害的物质，处理不善，会严重危害人们的健康和生命。

生活中的化学

民间电子垃圾回收分解较为集中的地区，当地人由此获得丰厚收益的同时也面临着极为严重的污染威胁。有学者研究结果显示，居住于电子垃圾拆解区的儿童，尤其是年龄较小的儿童有可能因环境污染物暴露而引起肠黏膜屏障功能损伤，导致肠腔细菌内毒素经通透性增加的肠道进入血液循环。细菌内毒素引起的低水平炎症反应是炎症性肠病、心脏代谢病、慢性肾病和非酒精性脂肪肝等疾病的发展过程中的病理特征。因此，外周血内毒素水平的升高有可能对儿童的生长发育有不利影响。

2. 电子垃圾减少措施

各国纷纷采取措施减少电子垃圾。比如新加坡自 2021 年 7 月起，正式启动电子垃圾管理系统。根据"制造商延伸责任"框架，新加坡要求制造商或进口商负责回收和处理这些受管制电器与电子产品的废弃物。如果供应的受管制电子产品超过一定重量，需承担回收处理费用，占据的市场份额越高，需支付的费用就越多。

第三节　绿色化学与技术

一、绿色化学与技术的产生

为了现代化工技术的巨大成功，一定要以污染环境作为代价吗？向环境中排放有害化学物质真的是无法避免的吗？为了化学的进步，我们就必须付出疾病甚至是死亡的代价吗？化学家们需要在 21 世纪为他们自己确定一个新的目标，那就是找到一种化学制造业的新的方法既能对现存的原材料更好地利用，又能有效减少排放到环境中的有害物质的量。解决以上问题，只有发展绿色化学与技术。

绿色化学亦称可持续的化学。绿色化学就是研究利用一套原理在化学产品的设计、开发和加工生产过程中减少或消除使用或产生对人类健康和环境有害物质的科学。

为达到"可持续发展"这一目的，1983 年联合国任命了一个国际委员会专门为此出谋划策。在委员会的主席挪威总理格罗·哈莱姆·布伦特兰（Gro Harlem Brundtland）上任之后，这个委员会发表了他们的报告《我们共同的未来》。布伦特兰报告中一个最重要的主题就是我们现在所谓的"绿色化学"的概念，在他的报告中被称为"原子经济性"，即化学制造业从一开始就可以保存尽量多的原材料（从而保存更多的原子），并且在制造过程中防止材料损失（从而防止原子损失）到环境中。

二、绿色化学与技术的内容

绿色化学主要内容包括重新设计化学合成、制造方法和化工产品来根除污染源，这是最为理想的防治环境污染的方法。

原子经济性和"5R"原则是绿色化学的核心内容。

1. 原子经济性

原子经济性是指在反应过程中应充分利用反应物中的各个原子，既要求充分利用资源又要求预防污染。原子经济性要求反应过程中原子利用率的最大化，原子利用率越高，越能最大限度地利用原料中的每个原子，使之结合到目标产物中，反应产生的废弃物就越少，对环境造成的污染就越小。如在环氧乙烷的催化氧化合成反应中，反应物乙烯和氧在催化剂的作用下，每个原子都得到了全部利用，全部转化为产物分子环氧乙烷，且无副产物产生，原子经济性和原子利用率均为100%。

2. 绿色化学要求在设计实验和生产过程中应遵循绿色化的"5R"原则

① Reduction，是指减量使用原料，减少实验废弃物的产生和排放；
② Reuse，要求尽可能采取循环使用、重复使用的手段，如合成过程的催化剂和溶剂、结晶过程母液的循环利用；
③ Recycling，再回收，实现合成与生产过程中资源的回收利用，从而实现"节省资源、减少污染，降低成本"；
④ Regeneration，再生利用，变废为宝，资源和能源再利用是减少污染的有效途径；
⑤ Rejection，拒用有毒有害品，对一些无法替代又无法回收、再生和重复使用的，有毒副作用及会造成环境污染的原料，拒绝使用，这是杜绝污染的最根本的办法。

3. 绿色化学的原则

安纳斯塔斯（P.T.Anastas）和沃纳（J.C.Waner）提出了绿色化学的12条原则：
① 防止废物的生成比其生成以后再处理更好；
② 设计的合成方法应该使生产过程中所采用的原料最大限度地进入产品之中；
③ 在设计合成方法时，只要可能，不论原料、中间产物还是最终产品，都应该对人体健康和环境无毒、无害；
④ 设计化工产品时，必须使其具有高效，同时减少其毒性；
⑤ 应该尽可能避免使用溶剂、助剂，如果不可避免，也要选择无毒无害的；
⑥ 合成方法必须考虑能耗对成本与环境的影响，应该设法降低能耗，最好采用在常温常压下的合成方法；

⑦ 在技术可行和经济合理的前提下，要采用可再生资源代替消耗性资源；

⑧ 在可能的条件下，尽量不用非必要的衍生物，如限制性基团、保护/去保护作用、临时调变物理/化学工艺；

⑨ 在合成方法中采用高选择性的催化剂比使用化学计量助剂更好；

⑩ 要把化工产品设计成当其使用功能终结以后，不会在环境中长期存在，而是能分解成可降解的无害产物；

⑪ 进一步开发分析方法，对危险物质在其生成以前就进行在线监测和控制；

⑫ 精心选择化学生产过程中的物质，使化学意外事故（包括渗透、爆炸、火灾等）的危险性降低到最低程度。

这 12 条原则现在已经为国际化学界公认，反映了近年来在绿色化学领域中多方面研究工作的内容，也指明了未来发展绿色化学的方向。

三、绿色化学与技术的发展

美国环保局从 1991 年正式采纳绿色化学名称并将其作为一个重要研究方向以来，这一崭新学科取得迅速的发展。绿色化学的发展不但需要技术指导，还需要包括政府管理部门、工业企业界等多方面的共同关注。我国政府十分重视绿色化学的发展，自 1994 年中国政府制定了《中国 21 世纪议程——中国 21 世纪人口、环境与发展白皮书》以来，绿色化学技术发展迅速。通过绿色化学技术能够实现绿色化学工业科学、技术与经济社会的相互衔接联系和相互作用，有利于我国工业环境的有效保护。

（1）原料的绿色化　原料的绿色化选择，特别是有机生物质化学原料的绿色化，能够显著降低有机化学在反应过程中对于自然环境所造成的影响。近年来科学家正在将天然植物油成分转换为天然生物油中的柴油，用来代替从石油衍生制出的生物柴油。玉米的浆液也可以用来作为玉米青霉素的起始发酵剂，青霉素又可作为去甲羟氨苄青霉素的主要起始化学原料。以葡萄糖作为起始原料，通过聚糖酶催化反应可以得到苯环己二酸及对苯二酚等有机化工产品。因此实现生产原料的绿色化，也是绿色化学的必然发展趋势，也就需要相关研究人员能够进一步加强对该方面的重视力度。

（2）提升烃类氧化反应的选择性　烃类的选择性氧化一直是我国化工领域中的重要研究内容，烃类化合物选择性氧化反应，是一种强烈的放热催化反应，其产物大多为一种热力学上不稳定的中间化学物，在催化反应稳定条件下，很容易通过深度放热氧化而成为混合二氧化碳和混合水，化学选择程度相对比较低，难以满足现阶段化工生产工作的实际需求，并容易造成严重的资源浪费以及生态环境污染问题。所以，控制烃类氧化选择反应进展深度，提高主要目的烃类产物的氧化选择性，当前仍然是烃类产物选择氧化研究最具技术挑战性的一大难题。

（3）催化剂的绿色化　在综合使用固体均相活性催化剂技术方面，绿色化学已经有了新的技术发展，均相催化剂因其易于加热分离，可反复混合使用，是目前实现绿色氧化和节能还原的重要关键技术之一，也是实现生物可持续循环绿色催化的重要技术手段。此外研究人员还从高分子筛、杂多酸、超分子强酸等新一代催化剂的材料技术入手,大力发展采用固体烷基酸作为液相烷基酸的催化剂,催化材料技术较为成熟,还能够显著延长其使用时间,并具备材料选择性高的应用优势。

(4) 清洁能源中的化学技术　在世界人口不断增长的今天,能源问题与食品问题将是人们面临的重要难度。清洁能源作为世界能源的重要发展方向,对于能源匮缺问题的解决也有着非常重要的意义,也是实现国民经济可持续发展的重要保障。绿色化学技术在清洁能源研发领域中有着非常重要的意义。比如氢气能源作为重要的清洁能源之一,在氢气制备过程中,通过 TiO_2 光催化分解水,就是绿色化学技术的重要应用途径。虽然氢气燃料电池已研发成功,且用其进行驱动的汽车早已面向群众,但氢气制备成本较高,作为燃料时,烃类制氢与电解制氢都缺乏良好的竞争力,所以探索廉价取得氢的途径是处理将氢气视作燃料问题的首要环节。

(5) 新研究方向的开辟　在绿色化学领域发展过程中,非离子型液体化学作为一种新型的天然绿色有机试剂,由于其特殊的化学性质逐渐受到各国化学家的广泛青睐,并获得了长足的发展效果。部分较为典型的非离子型极性液体,能够对金属有机物、金属极性有机化合物以及金属无机化合物起到良好的溶解效果,其中阴阳离子对于该溶剂的溶解性有着非常大的影响,随着非离子型液体溶解性变化影响的不断增加,其溶解性也会随之增加。该溶解试剂在应用过程中还不会对外界环境产生影响,从而实现化学生产的绿色性与环保性,满足我国可持续发展理念下的化学生产工作开展需求。

绿色化学在社会发展中有着重要的应用价值,就环境保护角度出发,绿色化学的应用能够实现零污染、零排放的标准,也能够从根本上降低化学物质对于自然环境所造成的危害,从而构建环境友好和谐的关系,对于国民经济的可持续发展也有着重要意义。因此在今后的社会发展过程中,还需要不断加强对绿色化学技术的研发与创新力度,并要求化学生产企业能够加强绿色化学技术的应用力度,在保障化工生产企业经济效益基础上,获得良好的生态效益与社会效益。

思考题

1. 什么叫酸雨?简述酸雨的形成过程和造成的危害。
2. 简述臭氧层破坏对人类有哪些危害。
3. 水体的含义是什么,什么是水体污染?
4. 什么是绿色化学?
5. 简述绿色化学的"5R"原则。

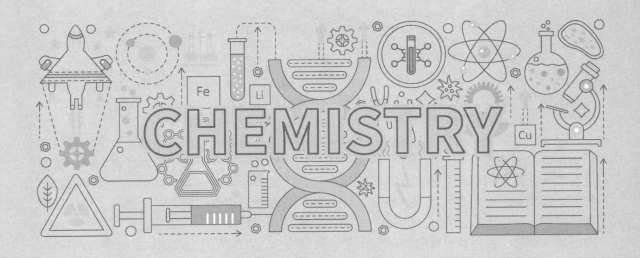

第七章
新材料与化学

　　玉米塑料，学名聚乳酸（polylactide，PLA），是以玉米等富含淀粉的农作物为原材料，经过一系列生物化学技术处理后得到的一种高分子化合物。玉米塑料除具备化工塑料同样的物理性能外，它无毒无公害，是一种纯生物质塑料，可被广泛应用于包装、医疗、纺织等多个领域。产品能自然降解为水和二氧化碳，又被绿色植物通过光合作用吸收再次合成淀粉。从理论上实现了物质的循环利用，从自然中来到自然中去，这就是玉米塑料的"生命历程"。玉米塑料餐具见图 7-1。

图 7-1　玉米塑料餐具

玉米塑料是以玉米等农作物为主要原料，通过现代生物技术生产出乳酸后聚合而成的新型高分子材料，被称作继金属材料、无机材料、高分子材料之后的"第四种新型材料"。

玉米塑料具有生物亲和性和可降解性，在医疗应用方面（也是目前玉米塑料应用最为成功的领域）表现最为突出。用玉米塑料制作的医用骨钉、手术缝合线已应用于临床，可使病人减少手术次数，无须像传统手术那样经过二次手术抽线、取不锈钢骨钉，因为患者病愈时，玉米塑料制作的骨钉和手术缝合线也降解在人体内并随代谢自然排出。这无疑大大减轻了患者的痛苦。

讨论：通过自己查找资料说说你还知道哪些新材料，这些新材料的应用主要有哪些。

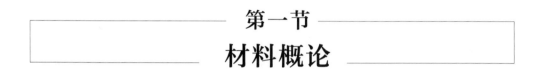

第一节 材料概论

化学与材料的发展之间存在密切的关系。从远古到现代人类社会使用的各种材料，大多都是通过化学过程来获得的，因此化学科学对材料的使用和发展有着重大的贡献。

一、材料的定义

材料是人们用来制造有用物品的各种物质。材料是人类生产和生活活动的物质基础，也是社会生产力的重要因素。

人类使用的材料逐渐发展形成了由金属材料、非金属材料、有机高分子材料和复合材料等组成的庞大材料体系。人们依托科学技术的发展，还在进一步设计和创造更多、更新的材料。材料的日新月异，正在不断地适应社会和科技发展的需要。材料与能源、信息已经成为构成人类社会的三大支柱。

二、生物医用材料

生物医用材料（biomedical materials）又称生物材料（biomaterials），它是对生物体进行诊断、治疗和置换损坏的组织、器官或增进其功能的材料。近年来人们将生物技术应用于研制生物材料，在材料结构及功能设计中引入生物支架——活性细胞，利用生物要素和功能去构建所希望的材料，由此提出了组织工程的概念。

组织工程是利用生命科学与工程学的原理与技术，在正确认识哺乳动物的正常及病理两种状态下的组织结构与功能关系的基础上，研究开发用于修复、维护人体各种组织或器

生活中的化学

官损伤后功能与形态的生物替代物的一门新兴学科。组织工程的产生对相关的生物医用材料提出了新的挑战。因此大力研究和开发新一代生物相容性良好并可被人体逐步降解吸收的生物医用材料，是 21 世纪生物医用材料发展的重要方向。

1. 分类

生物医用材料按材料组成和性质可分为医用金属材料、医用高分子材料、生物陶瓷材料和生物医学复合材料。按材料在生理环境中的生物化学反应水平，又可分为生物惰性材料、生物活性材料、可生物降解和吸收的生物材料。表 7-1 列出了一些常用生物医用材料的实例。

表 7-1　生物医用材料实例

材料名称	应用实例
心血管植入物	心脏和瓣膜，血管移植物，起搏器
整形和重建植入物	丰乳，上颌骨重建
矫形外科假体眼系统	隐形眼镜，人工晶体
牙齿植入物	义齿
体外循环装置	氧合器，透析器
导管	导尿管，脑积液导管
药物释放控制装置	片剂或胶囊涂层

2. 常用生物医用材料

医用材料具有生物相容性，生物材料相容性是指材料与人体之间相互作用后产生的各种复杂的生物、物理、化学等反应的一种概念。这里主要介绍生物降解和控制释放材料。

（1）生物降解材料　生物降解材料主要是指那些在植入人体并经过一段时间后，能逐渐被分解或破坏的材料。被植入的这种异物在完成使命后，会自动分解成为无毒无害的物质，并从体内排出。聚乳酸（PLA）是一种重要的脂肪族聚酯类生物降解材料，无毒、无刺激，具有良好的生物相容性，在生物医学领域被广泛用作组织工程、人体器官、药物控制释放、仿生智能等材料。例如，甘油磷脂胆碱有良好的生物相容性和生物降解性，从蛋黄中提取的天然甘油磷脂胆碱作为侧链引入 PLA 结构中，获得了可完全降解的侧链型磷脂高分子材料。

（2）控制释放材料　控制释放是指药物以恒定速度、在一定时间内从材料中释放的过程。常用的材料有天然和合成高分子。以天然高分子丝素蛋白为例，丝素蛋白无毒、无刺激，与人体有较好的组织相容性；加入药物后丝素蛋白膜仍具有良好的强度、柔软性、稳定性。体外释药实验表明：丝素蛋白膜厚度大，释药速率减慢，可延缓释药时间。水溶性小的药物可用水溶性聚合物聚乙二醇（PEG）分散到丝素溶液中成膜，加 PEG 后，释放药物速率增快。

3. 生物医用材料按材料组成和性质的分类

（1）生物医用金属材料　生物医用金属材料是用作生物医用材料的金属或合金，又称外科用金属材料或医用金属材料，是一类惰性材料。这类材料具有高的机械强度和抗疲劳性能，是临床应用最广泛的承力植入材料。该类材料的应用非常广泛，遍及硬组织、软组织、人工器官和外科辅助器材等各个方面。除了要求它具有良好的力学性能及相关的物理性质外，优良的抗生理腐蚀性和生物相容性也是其必须具备的条件。医用金属材料应用中的主要问题是由于生理环境的腐蚀而造成的金属离子向周围组织扩散及植入材料自身性质的蜕变，前者可能导致毒副作用，后者常常导致植入的失败。已经用于临床的医用金属材料主要有含钛、钽、铌、锆等的不锈钢、钴基合金和钛基合金等。

（2）生物医用无机非金属材料　包括陶瓷、玻璃、碳素等无机非金属材料。此类材料化学性能稳定，具有良好的生物相容性。一般来说，生物陶瓷主要包括惰性生物陶瓷、活性生物陶瓷和功能活性生物陶瓷三类。

（3）生物医用高分子材料　医用高分子材料是生物医用材料中发展最早、应用最广泛、用量最大的材料，也是一个正在迅速发展的领域。它有天然产物和人工合成两个来源。该材料除应满足一般的物理、化学性能要求外，还必须具有足够好的生物相容性。按性质分类，医用高分子材料可分为非生物降解型和可生物降解型两类。非生物降解型医用高分子材料，要求其在生物环境中能长期保持稳定，不发生降解、交联或物理磨损等，并具有良好的物理机械性能。并不要求它绝对稳定，但是要求其本身和少量的降解产物不对机体产生明显的毒副作用，同时材料不致发生灾难性破坏。该类材料主要用于人体软组织修复体、硬组织修复体、人工器官、人造血管、接触镜、膜材、黏结剂和管腔制品等方面。这类材料主要包括聚乙烯、聚丙烯、聚丙烯酸酯、芳香聚酯、聚硅氧烷、聚甲醛等。可生物降解型高分子可在生物环境作用下发生结构破坏和性能蜕变，其降解产物能通过正常的新陈代谢或被机体吸收利用或被排出体外，主要用于药物释放和送达载体及非永久性植入装置。按使用的目的或用途，医用高分子材料还可分为心血管系统、软组织及硬组织等修复材料。用于心血管系统的医用高分子材料应当着重要求其抗凝血性好，不破坏红细胞、血小板，不改变血液中的蛋白并不干扰电解质等。这类材料主要包括胶原、线性脂肪族聚酯、甲壳素、纤维素、聚氨基酸、聚乙烯醇、聚己丙酯等。

4. 生物医用复合材料

生物医用复合材料又称为生物复合材料，它是由两种或两种以上不同材料复合而成的生物医用材料，并且与其所有单体的性能相比，复合材料的性能都有较大程度的提高。制备该类材料的目的就是进一步提高或改善某一种生物材料的性能。该类材料主要用于修复或替换人体组织、器官或增进其功能以及人工器官的制造。它除应具有预期的物理化学性质之外，还必须满足生物相容性的要求。这里不仅要求组分材料自身必须满足生

生活中的化学

物相容性要求，而且复合之后不允许出现有损材料生物学性能的性质。生物复合材料按基材可分为高分子基、金属基和无机非金属基三类。它们既可以作为生物复合材料的基材，又可作为增强体或填料，它们之间的相互搭配或组合形成了大量性质各异的生物医用复合材料。利用生物技术，一些活体组织、细胞和诱导组织再生的生长因子被引入了生物医用材料，大大改善了其生物学性能，并可使其具有药物治疗功能，已成为生物医用材料的一个十分重要的发展方向。根据材料植入体内后引起的组织反应类型和水平，它又可分为生物惰性的、生物活性的、可生物降解和吸收的等几种类型。人和动物中绝大多数组织均可视为复合材料，生物医用复合材料的发展为获得真正仿生的生物材料开辟了广阔的途径。

5. 生物衍生材料

生物衍生材料是由天然生物组织经过特殊处理形成的生物医用材料，也称为生物再生材料。生物组织可取自同种或异种动物体。特殊处理包括维持组织原有构型而进行的固定、灭菌和消除抗原性的轻微处理，以及拆散原有构型、重建新的物理形态的强烈处理。由于经过处理的生物组织已失去生命力，生物衍生材料是无生命力的材料。但是，由于生物衍生材料或是具有类似于自然组织的构型和功能，或是组成类似于自然组织，在维持人体动态过程的修复和替换中具有重要作用。主要用于人工心瓣膜、血管修复体、皮肤掩膜、纤维蛋白制品、骨修复体、巩膜修复体、鼻种植体、血液唧筒、血浆增强剂和血液透析膜等。

三、纳米材料

纳米是一种比微米小得多的长度计量单位。纳米材料，由纳米粒子（也称超微颗粒）组成。金纳米粒子如图 7-2 所示。纳米粒子一般是指尺寸在 1～100nm 间的粒子，处在原子簇和宏观物体交界的过渡区域。由于纳米微粒具有小尺寸效应、表面效应、量子尺寸效应和宏观量子隧道效应等，它们在磁、光、电等方面呈现常规材料不具备的特性。纳米

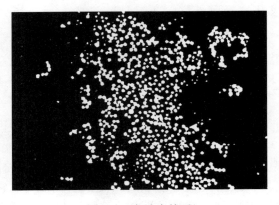

图 7-2　金纳米粒子

科学所研究的领域是人类过去从未涉及的非宏观、非微观的中间领域,从而开辟人类认识世界的新层次,也使人们改造自然的能力直接还原到分子、原子,这标志着人类的科学技术进入了一个新时代——纳米科技时代。

20世纪90年代初兴起的纳米技术,将导致信息、能源、交通、医药、食品、纺织、环保等诸多领域的新变革,并极大提升人类生活的质量。

纳米粒子表面活性中心多,纳米微粒作催化剂比一般催化剂的反应速率提高10～15倍,甚至使原来不能进行的反应也能进行。纳米TiO_2,能够强烈吸收太阳光中的紫外线,产生很强的光化学活性,可以光催化降解工业废水中的有机污染物,具有除净度高、无二次污染、适用性广泛等优点,在环保水处理中有着很好的应用前景。

在涂料中加入纳米材料,可进一步提高其防护能力,实现防紫外线照射、耐大气侵害和抗降解、抗变色等,在卫生用品上应用可起到杀菌保洁作用。如抗菌内衣、抗菌茶杯等,就是将抗菌物质进行纳米化处理后再进行生产。在标牌上使用纳米材料涂层,可利用其光学特性,达到储存太阳能、节约能源的目的。在建材产品如玻璃、涂料中加入适宜的纳米材料,可以达到减少光的透射和热传递效果,产生隔热、阻燃等效果。如果在玻璃表面涂一层渗有纳米化氧化钛的涂料,那么普通玻璃马上变得具有自净功能,不用人工擦洗了。而电池使用纳米化材料制作,则可以使很小的体积容纳极大的能量。

在橡胶中加入纳米二氧化硅(SiO_2),可以提高橡胶的抗紫外线辐射、红外反射、耐磨性和介电特性,而且弹性也明显优于普通的填充橡胶。塑料中添加一定的纳米材料,可以提高塑料的强度和韧性,而且致密性和防水性也相应提高。国外已将纳米SiO_2作为添加剂加入密封胶和胶黏剂中,使其密封性和黏合性都大为提高。

纳米粒子使药物在人体内的传输更为方便。用数层纳米粒子包裹的智能药物进入人体,可主动搜索并攻击癌细胞或修补损伤组织;在人工器官外面涂上纳米粒子可预防移植后的排异反应。美国麻省理工学院已制备出以纳米磁性材料作为药物载体的靶定向药物,称为"定向导弹",即在磁性三氧化二铁纳米微粒包敷蛋白质表面携带药物,注射进入人体血管,通过磁场导航输运到病变部位释放药物,可减少由于药物产生的副作用。

在电子领域,可以从阅读硬盘上读取信息的纳米级磁读卡机,以及存储容量为目前芯片千倍的纳米级存储器芯片都已投入生产。计算机在普遍采用纳米化材料后,可以缩小成掌上电脑,体积将比现在的笔记本电脑还要小得多。可以预见,未来以纳米技术为核心的计算机处理信息的速度将更快,效率将更高。

纳米合成为发展新型材料提供新的途径和思路。纳米尺度的合成为人们设计新型材料,特别是按照自己的意愿设计和探索所需要的新型材料打开了新的大门。例如,在传统相图中根本不共溶的两种元素或化合物,在纳米态下可以形成固溶体,制造出新型的材料,如铁铝合金、银铁和铜铁合金等纳米材料,已在实验室获得成功。

纳米材料的诞生也为常规复合材料的研究增添了新的内容。把金属的纳米颗粒放入常规陶瓷中可大大改善材料的力学性质。纳米氧化铝粒子放入橡胶中可提高橡胶的介电性和耐磨性;放入金属或合金中可以使晶粒细化,大大改善力学性质。

四、纳米材料的应用

1. 天然纳米材料

海龟在美国佛罗里达州的海边产卵，但出生后的幼小海龟为了寻找食物，却要游到英国附近的海域，才能得以生存和长大。最后，长大的海龟还要再回到佛罗里达州的海边产卵。如此来回约需5～6年，为什么海龟能够进行几万千米的长途跋涉呢？它们依靠的是头部内的纳米磁性材料，为它们准确无误地导航。

生物学家在研究鸽子、海豚、蝴蝶、蜜蜂等生物为什么从来不会迷失方向时，也发现这些生物体内同样存在着纳米材料为它们导航。

2. 纳米磁性材料

在实际中应用的纳米材料大多数都是人工制造的。纳米磁性材料具有十分特别的磁学性质，纳米粒子尺寸小，具有单磁畴结构和矫顽力很高的特性，用它制成的磁记录材料不仅音质、图像和信噪比好，而且记录密度比 $\gamma\text{-}Fe_2O_3$ 高几十倍。超顺磁的强磁性纳米颗粒还可制成磁性液体，用于电声器件、阻尼器件、旋转密封及润滑和选矿等领域。

3. 纳米陶瓷材料

传统的陶瓷材料中晶粒不易滑动，材料质脆，烧结温度高。纳米陶瓷的晶粒尺寸小，容易在其他晶粒上运动。因此，纳米陶瓷材料具有极高的强度和韧性以及良好的延展性，这些特性使纳米陶瓷材料可在常温或次高温下进行冷加工。如果在次高温下将纳米陶瓷颗粒加工成形，然后做表面退火处理，就可以使纳米材料成为一种表面保持常规陶瓷材料的硬度和化学稳定性，而内部仍具有纳米材料延展性的高性能陶瓷。

4. 纳米传感器

纳米二氧化锆、氧化镍、二氧化钛等陶瓷对温度变化、红外线以及汽车尾气都十分敏感。因此，可以用它们制作温度传感器、红外线检测仪和汽车尾气检测仪，检测灵敏度比普通的同类陶瓷传感器高得多。

5. 纳米倾斜功能材料

在航天用的氢氧发动机中，燃烧室的内表面需要耐高温，其外表面要与冷却剂接触。因此，内表面要用陶瓷制作，外表面则要用导热性良好的金属制作。但块状陶瓷和金属很难结合在一起。如果制作时在金属和陶瓷之间使其成分逐渐地连续变化，让金属和陶瓷"你中有我、我中有你"，最终便能结合在一起形成倾斜功能材料，其中的成分变化像一个倾斜的梯子。当用金属和陶瓷纳米颗粒按其含量逐渐变化的要求混合烧结成形后，就能达到燃烧室内侧耐高温、外侧有良好导热性的要求。

6. 纳米半导体材料

将硅、砷化镓等半导体材料制成纳米材料，具有许多优异性能。例如，纳米半导体中的量子隧道效应使某些半导体材料的电子输运反常、电导率降低，热导率也随颗粒尺寸的减小而下降，甚至出现负值。这些特性在大规模集成电路器件、光电器件等领域发挥着重要的作用。

利用半导体纳米粒子可以制备出光电转化效率高的，即使在阴雨天也能正常工作的新型太阳能电池。由于纳米半导体粒子受光照射时产生的电子和空穴具有较强的还原和氧化能力，因而它能氧化有毒的无机物，降解大多数有机物，最终生成无毒、无味的二氧化碳、水等，所以，可以借助半导体纳米粒子利用太阳能催化分解无机物和有机物。

7. 纳米催化材料

纳米粒子是一种极好的催化剂，这是由于纳米粒子尺寸小，表面的体积分数较大，表面的化学键状态和电子态与颗粒内部不同，表面原子配位不全，导致表面的活性位置增加，使它具备了作为催化剂的基本条件。

镍或铜锌化合物的纳米粒子对某些有机物的氢化反应是极好的催化剂，可替代昂贵的铂或钯催化剂。纳米铂黑催化剂可以使乙烯氧化反应的温度从600℃降低到室温。

8. 纳米医药材料

血液中红细胞的大小为 6000～9000nm，而纳米粒子只有几个纳米大小，实际上比红细胞小得多，因此它可以在血液中自由活动。如果把各种有治疗作用的纳米粒子注入人体各个部位，便可以检查病变和进行治疗，其作用要比传统的打针、吃药效果好。

碳材料的血液相容性非常好，21世纪的人工心瓣都是在材料基底上沉积一层热解碳或类金刚石碳。但是这种沉积工艺比较复杂，而且一般只适用于制备硬材料。介入性气囊和导管一般是用高弹性的聚氨酯材料制备，通过把具有高长径比和纯碳原子组成的碳纳米管材料引入高弹性的聚氨酯中，我们可以使这种聚合物材料一方面保持其优异的力学性质和容易加工成型的特性，一方面获得更好的血液相容性。实验结果显示，这种纳米复合材料引起血液溶血的程度会降低，激活血小板的程度也会降低。

使用纳米技术能使药品生产过程越来越精细，并在纳米材料的尺度上直接利用原子、分子的排布制造具有特定功能的药品。纳米材料粒子将使药物在人体内的传输更为方便，用数层纳米粒子包裹的智能药物进入人体后可主动搜索并攻击癌细胞或修补损伤组织。使用纳米技术的新型诊断仪器只需检测少量血液，就能通过其中的蛋白质和DNA诊断出各种疾病。通过纳米粒子的特殊性能在纳米粒子表面进行修饰形成一些具有靶向、可控释放、

生活中的化学

便于检测的药物传输载体,为身体局部病变的治疗提供新的方法,为药物开发开辟了新的方向。

9. 纳米计算机

世界上第一台电子计算机诞生于1946年,它是由美国的大学和陆军部共同研制成功的,一共用了约18000个电子管,总重量30t,占地面积约170m^2,可以算得上一个庞然大物了,可是,它在1s内只能完成5000次加法运算。

经过了半个多世纪,由于集成电路技术、微电子学、信息存储技术、计算机语言和编程技术的发展,使计算机技术有了飞速的发展。今天的计算机小巧玲珑,可以摆在一张电脑桌上,它的重量只有第一代电子计算机的万分之一,但运算速度却远远超过了第一代电子计算机。

如果采用纳米技术来构筑电子计算机的器件,那么这种未来的计算机将是一种"分子计算机",其袖珍的程度又远非今天的计算机可比,而且在节约材料和能源上也将给社会带来十分可观的效益。

10. 纳米碳管

1991年,日本的专家制备出了一种称为纳米碳管的材料,它是由许多六边形的环状碳原子组合而成的一种管状物,也可以是由同轴的几根管状物套在一起组成。这种单层和多层管状物的两端常常都是封死的。

这种由碳原子组成的管状物直径和管长的尺寸都是纳米量级的,因此被称为纳米碳管。它的抗张强度比钢高出100倍,电导率比铜还要高。

在空气中将纳米碳管加热到700℃左右,使管子顶部封口处的碳原子因被氧化而破坏,成了开口的纳米碳管。然后用电子束将低熔点金属(如铅)蒸发后凝聚在开口的纳米碳管上,由于虹吸作用,金属便进入纳米碳管中空的芯部。由于纳米碳管的直径极小,因此管内形成的金属丝也特别细,被称为纳米丝,它产生的尺寸效应是具有超导性。因此,纳米碳管加上纳米丝可能成为新型的超导体。

纳米技术在世界各国尚处于萌芽阶段,美、日、德等少数国家,虽然已经初具基础,但是尚在研究之中,新理论和技术的出现仍然方兴未艾。我国已努力赶上先进国家水平,研究队伍也在日渐壮大。

11. 纳米家电

用纳米材料制成的纳米材料多功能塑料,具有抗菌、除味、防腐、抗老化、抗紫外线等作用,可用作电冰箱、空调外壳里的抗菌除味塑料。

12. 环境保护的纳米膜

环境科学领域将出现功能独特的纳米膜。这种膜能够探测到由化学和生物制剂造成的污染，并能够对这些制剂进行过滤，从而消除污染。

13. 纳米纺织品

在合成纤维树脂中添加纳米 SiO_2、纳米 ZnO、纳米 SiO_2 复配粉体材料，经抽丝、织布，可制成杀菌、防霉、除臭和抗紫外线辐射的内衣、用品，也可制得满足国防工业要求的抗紫外线辐射的功能纤维。

14. 纳米机械材料

采用纳米技术对机械关键零部件进行金属表面纳米粉涂层处理，可以提高机械设备的耐磨性、硬度和延长使用寿命。

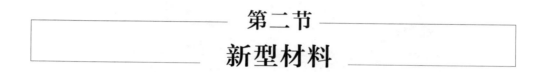

第二节 新型材料

一、手性分离膜：一招识破手性分子

在生物分子中，存在着两个手性分子的化学式一模一样但空间结构存在差异的现象，两者的关系像是左右手，互为对映关系，但不能重合，这就是所谓不同手性的同分异构体——对映异构体，对映异构体的两种结构一种在空间上左旋，另一种在空间上右旋，两种结构难以分离。对映异构体的效用也有巨大的差异，比如左旋氨氯地平能够治疗高血压，而右旋氨氯地平却没有效用。在生物制药过程中，经常会制备出手性同分异构体，但是我们所需要的却只是其中一种手性分子，需要全部去除另外一种。中国科学技术大学刘波教授课题组利用二维层状材料开发出一种手性分离膜，可以"抓住"对制药有用的左旋手性分子，"放过"无用的右旋手性分子，分离效率高达89%，这一成果有望产业化。

手性分离膜是当前被寄予厚望的一种解决方案。目前有使用聚合物和晶体材料两种方案，但是聚合物膜分离效率低，晶体材料又难以制备成膜。刘波课题组从二维层状材料出发，通过调控层间距并在层空间中引入手性位点，开发出高度稳定的手性分离膜。这种分离膜对不同的手性对映异构体表现出非常明显的选择性。它可以高效分离出右旋柠檬烯，截留了大部分左旋柠檬烯。如果进一步对整个体系施加一定压力，还可以使分离效率在时效性上得到大幅改善。

刘波课题组提出一种依赖静电作用，调控二维材料层间距及其化学环境的普适性

生活中的化学

策略，可以制备高度稳定的二维薄膜材料，实现亚纳米尺度下对不同尺寸的物种进行精准筛分，从而在污水净化、海水淡化等方面表现出应用潜力。由于在层间成功引入手性位点，可以用来实现对映异构体的高效分离，从而赋予二维材料分离膜更为广阔的应用前景。

二、小龙虾助力环保——可降解塑料的应用

如图 7-3 所示，小龙虾的虾壳能生成环保降解塑料袋，没错，你没有听错！小龙虾只有一身的硬壳，怎么看都和塑料袋挂不上钩，那为什么能将虾壳做成塑料袋呢？原来是甲壳纲动物身上都含有一种叫壳聚糖（chitosan）的成分，而龙虾壳中壳聚糖最多，含量可达到 30%~40%，易降解，还无毒无害。

图 7-3 小龙虾

但要将龙虾壳变成塑料袋，还需要将其中的壳聚糖提取出来，做成对自然界无害的环保塑料袋。具体步骤：首先将龙虾壳打磨成粉末；再加入一定的酸碱溶液，将龙虾壳粉末中的矿物质和蛋白质进行分离，就可以得到壳聚糖纳米纤维；之后再加入生物醋，得到生物塑料溶液；最后可以将溶液倒入定制模具中，就可以制成生物降解塑料袋。

三、肼：火箭燃料的冲锋者

肼又称联氨，分子式是 N_2H_4，无色油状液体。有类似于氨的刺鼻气味，一种强极性化合物。无色、油状液体，能很好地混溶于水、醇等极性溶剂中，与卤素、过氧化氢等强氧化剂作用能自燃，长期暴露在空气中或短时间受高温作用会爆炸分解，具有强烈的吸水性，储存时用氮气保护并密封。有毒，能强烈侵蚀皮肤，对眼睛、肝脏有损害作用。

肼是一种强还原剂，能与许多氧化性物质，如高锰酸钾、次氯酸钙等溶液发生剧烈反

应。因此常用这类反应来处理肼的少量污水或废液。

肼虽然是可燃液体，但是它的热稳定性尚好，对冲击、压缩、摩擦、振动等均不敏感。

发射火箭需要能够在短时间内产生大量气体，从喷管喷出产生向上的推力，如图 7-4 所示。其中衡量推进剂效率的最重要指标为比冲，即 1s 内燃烧 1kg 燃料和氧化剂混合物能产生多少千克的冲量，其单位为 s。肼作为燃料，同时采用四氧化二氮或发烟硝酸作为氧化剂的比冲较大（混肼 50/N_2O_4 燃料的比冲可以达到 300s 左右，仅次于氢氧火箭发动机以及采用氟作为氧化剂的火箭系统），因而被各航天大国广泛采用。

图 7-4　长征 5 号火箭首飞成功

氢氧火箭发动机的比冲更大，但是氢气的沸点极低，临界温度为-253℃，因而对燃料储存、加注以及发动机系统设计的要求极高。除美国的航天飞机之外，很少被应用于运载火箭的下面级燃料。用氟作氧化剂的火箭虽然比冲大，但是产物的毒性和腐蚀性均是无法接受的，因此只能在外太空使用。

四、吸水纸的奥秘

如图 7-5 所示，吸水纸的主要成分是纤维素，纤维素是天然有机高分子化合物，纸张中的纤维素交错呈网状，其间有很多的空隙，这些空隙可以锁住水分，这也是所谓的毛细效应。归根结底是因为张力的缘故，因此平常所用的纸是吸水纸。

含有高分子吸水纸是一种特殊的卫生材料，主要用于卫生巾、纸尿裤、美容用吸水面膜。纯木浆纸或湿强卫生纸物理组成为高分子吸水树脂、胶粉、绒毛浆等，加工工艺为热合、胶合。

手工纸浆补书技术是完全不同于传统古籍修补方法的一种新的古籍修护方式，它

生活中的化学

是利用成纸"还魂"经复配制成修补纸浆,使用简单工具,利用传统手工造纸的"浇浆法"原理,即把手工纸用搅拌机搅拌成纸浆,然后用滴管将纸浆均匀地分布在破损被修补的古籍书页上,利用湿纸的纤维氢键结合力、纤维交织力及复配成分的胶黏力,使纸浆成纸后与被修补的古籍书叶间牢牢地黏合在一起。此法修补速度快,操作简单易掌握,容易达到整旧如新等,适用于我国古籍(数量众多、破损量大)。而传统的修补方式是托裱,用纸把一个个洞补好,然后纸边还要处理,它有不同的大小,国家标准是纸边小于2mm以下,相比较而言纸浆修补就要快很多,纸浆补上去晾干纸边只有零点零几毫米。

图 7-5　吸水纸

五、永不生锈的内脏——人工肾、肝、肺

医学家们发现,造成人类死亡的病因,往往只是人体中的某一器官或某一部分组织患病,如心脏出了毛病,肺、肝或肾发生病变等。而身体的其他器官是好的,还能继续工作,如果把这些生了病的器官换掉,生命不就可以延续了吗?事实正是这样。开始,医生是用其他人的器官给病人做更换手术。但随着这方面病人的增多,这种做法已不能满足需要了,人们便很自然地想到用人造的器官来代替人体的器官。现在,人体内的各种器官及骨骼都可实现人工制造了。

人工肾是利用透析原理制成的,它是研究得最早而又最成熟的人造器官。人工肾实际上是一台"透析机",血液里的排泄物(尿素、尿酸等小分子、离子)能透过人工肾里的半透膜,而血细胞、蛋白质等半径大的有用物质都不能通过。目前,全世界靠移植人工肾存活的人已达数十万。

第七章 新材料与化学

要制造高效、微型、适用的人工肾,关键在于研制出高选择性半透膜。目前研制的制膜材料多种多样,它们主要是人工合成高分子化合物。制成的半透膜形式也多种多样,有的制成膜,有的制成空纤维状。这些膜在显微镜下观察,上面布满了微孔,孔的直径只有百万分之二到千分之三毫米。

人工肾的研制成功挽救了千千万万肾功能衰竭的病人。现在人工肾已进入了第四代。第一代人工肾有近一间房屋大;第二代人工肾缩小到一张写字台那么大;第三代人工肾只有一个小手提箱那么大,病人背上它能行走自如;第四代人工肾如图 7-6 所示,是可以植入人体的小装置,应用起来更加便利。

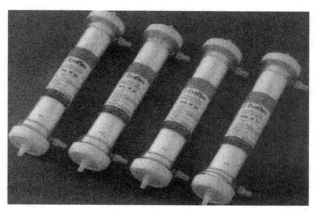

图 7-6 人工肾

聚丙烯腈硅橡胶是最常用的一种医用高分子化合物。它除了可作人工肾外,由于它有极高的可选择性,还可制成人工肝的渗透膜。它能够把血液里的毒物或排泄物,以及血液里过量的氨迅速地渗析出来。过量的氨是肝脏发病时氨基酸转化而成的。这种人工肝可以把肝昏迷病人血液里的毒素迅速排除出去,使病情很快缓解,从而拯救肝脏危重病人的生命。

还可以用聚丙烯腈硅橡胶做成空心纤维管,然后用几万根这样的毛细管组织人工肺的"肺泡",并和心脏相连,人工肺泡组织能够吸进氧气,呼出二氧化碳,使红细胞、白细胞、蛋白质等有用物质留在体内,和肺的功能完全一样。这种人工肺已用于临床。在日本利用这种人工肺已使很多丧失肺功能的病人获得新生。

据统计,全世界几乎每 10 个人中就有一个人患关节炎。这种病不仅中老年人易得,青少年中也有相当多的人患有这种病。目前的各种药物对关节炎还不能根治,最理想的办法就是像调换机器上的零件那样,用人造关节将人体上患病关节换下来。科学家们经过大量的研究和实验,最后采用金属作骨架,再在外面包上一种特殊的超聚乙烯,这种医用高分子材料弹性适中,耐磨性好,在摩擦时还有自动润滑效果。它有类似软骨那样的特性,移植到人体的效果非常好。

随着生物化学的发展,人工器官的研制取得了突破性进展,克隆技术、干细胞研究,为人工器官安全普遍的应用提供了可能。

生活中的化学

第三节
新材料与汽车

一、汽车零件上的化学——碳素钢

碳素钢是近代工业中使用最早、用量最大的基本材料。世界各工业国家，在努力增加低合金高强度钢和合金钢产量的同时，也非常注意改进碳素钢质量，增加品种和扩大使用范围。

目前碳素钢的产量在各国钢总产量中的比重，约保持在80%，它不仅广泛应用于建筑、桥梁、铁道、车辆、船舶和各种机械制造工业，而且在近代的石油化学工业、海洋开发等方面，也得到大量使用。

碳素钢已经被应用于汽车零件的制造，如螺钉、螺母圈、法兰轴、拉杆、发电机支架等零件都用到了碳素钢。

二、保险杠竟然是塑料做的！

为什么汽车保险杠要做成塑料的，轻轻一撞就容易坏掉，和车身一样做成金属材质的不是更耐撞吗？其实，早期汽车的保险杠（图7-7）确实就是由金属制成的，尤其是防撞梁，直接采用钢材制造。从早期的交通事故来看，金属材质的保险杠一旦发生碰撞，汽车整体的变形程度不大，对车子的损伤较小。但能量会传递到车内的驾乘人员身上，从而对人造成更大的伤害。从"吸能"的角度考虑，车企把车子的保险杠都改成了塑料、树脂等弹性较高的材质。业内人士表示，塑料材质的保险杠的确容易损坏，但这并不是大家所认为的"简配"，而是为了充分吸收撞击能量。同时，因为树脂等材料的可塑性更高，保险杠对于整车的造型可塑性也更高，会显得更加美观。

图7-7　汽车保险杠

三、纳米二氧化硅：新型橡胶轮胎的新宠

纳米 SiO_2 是极具工业应用前景的纳米材料，它的应用领域十分广泛，几乎涉及所有应用 SiO_2 粉体的行业。我国对纳米材料的研究起步比较晚，直到"八五计划"将纳米材料列入重大基础项目之后，这方面的研究才迅速开展起来，并取得了令人瞩目的成果。1996年底由中国科学院固体物理研究所与舟山普陀升兴公司合作，成功开发出纳米材料家庭的重要一员——纳米 SiO_2，从而使我国成为继美、英、日、德之后，国际上第五个能批量生产此产品的国家。纳米 SiO_2 的批量生产为其研究开发提供了坚实的基础。专家鉴定认为，纳米二氧化硅氢氧焰燃烧合成技术、燃烧反应器和絮凝器等关键设备及应用技术具有创新性，该成果总体上达到国际先进水平，其中在预混合辅助燃烧新型反应器和流化床脱酸两项核心技术方面达到了国际领先水平，对于突破国际技术封锁具有重大价值。但总的来讲，我国纳米 SiO_2 的生产与应用还落后于发达国家，该领域的研究工作还有待突破。

常规的 SiO_2 用作橡胶补强剂时，在橡胶中以二次聚集体的形态存在，因而不能充分发挥其补强橡胶的功能。如改用纳米 SiO_2 作添加剂，采用溶胶-凝胶技术，既可改善其在橡胶中的分散程度而赋予橡胶优异的力学性能，同时还可以根据需要进行控制和人工设计具有特殊性能的新型橡胶，如通过控制纳米 SiO_2 的颗粒尺寸，可以制备对不同波段光敏感性不同的橡胶，既可作为抗紫外线辐射的橡胶，又可作为红外反射橡胶或利用它的高介电性能制成绝缘性能好的橡胶。另外，还可利用纳米 SiO_2 改性轮胎侧面胶，生产彩色轮胎。

四、车用汽油有保质期吗？

普通汽油保质期比乙醇汽油要长，比柴油短，正常情况下保质期为 3 个月，前提是在密封得好的情况下。由于汽油的组成物质中 99%以上是碳元素和氢元素，在与空气接触时会有一些化学变化和挥发，但是在密封条件下，汽油的保质期会延长许多，就算几年也能正常使用。建议使用金属容器或者玻璃容器密封汽油可永久保存，用塑胶容器密封，最多储存 2~5 年。

汽油保质期的长短主要是靠汽油抗氧化性的好坏来决定，指汽油在存储、销售和使用过程中，质量是否容易发生变化，如果不易发生变化，说明汽油安全性好，储存期长。

汽油的主要成分是 C_5~C_{12} 的脂肪烃、环烷烃类以及一定的芳香烃。各种化学元素，在与空气接触的时候，其中一些不饱和烃，尤其是二烯烃会和氧气发生氧化反应，生成胶质。减少与空气的接触，减少阳光直射，降低油品保管温度能防止和减缓油品的氧化，延长汽油的保质期。

五、新能源汽车的心脏——电池

内燃机汽车的心脏是动力系统,但是新能源车的心脏则是电池系统,因为电池系统的优劣直接关系到车的行驶里程、使用便利性等,而目前新能源动力车型最大的技术瓶颈也恰恰限制在电池系统上,比如充电时间、充电效率、能量密度以及体积、材质、安全性或者质量等。

1. 电池三大分类

汽车所使用的电池主要分为三大类,即化学电池、物理电池以及生物电池。

(1) 化学电池　化学电池是利用物质的化学反应发电的电池系统,其主要分为原电池、蓄电池以及燃料电池和储备电池四种。

① 原电池　其实就是一次性电池,是指电池放电后不能用一般的充电方法使活性物质复原而继续使用的电池,如锌-二氧化锰干电池、锂锰电池、锌空气电池以及锌银电池等都是此类一次性电池。

② 蓄电池　又称二次电池,是指电池在放电后可以通过充电的方法使活性物质复原而继续使用的电池,其实也就是我们目前最常见的充电电池,比如铅酸蓄电池、镍镉电池、镍氢电池以及锂离子电池等。

③ 燃料电池　燃料电池又称连续电池,是指参加反应的活性物质从电池外部连续不断地输入电池,或者可以说燃料电池就是一个发电站,比如质子交换膜燃料电池、碱性电池、磷酸燃料电池等。

④ 储备电池　这种电池是指电池正负极与电解质在储存期间不直接接触,使用前注入电解溶液使正负极接触,此后电池进入待放电状态,如镁电池、热电池等。

(2) 物理电池　物理电池是利用光、热、物理吸附等物理能量发电的电池,如太阳能电池、超级电容器以及飞轮电池等。

(3) 生物电池　生物电池是利用生物化学反应发电的电池,如微生物电池、酶电池以及生物太阳电池等。

2. 新能源车对于电池系统的要求

就像内燃机车对于发动机的各种要求,新能源车对于电池组也有着苛刻的要求,而这几项对于电池组的要求则直接关系到新能源车在电动驱动方面的效能等问题:

(1) 比能量　为了提高电驱动的续航里程,要求汽车上动力电池需要最大限度地存储能量,但其前提是不能过多地增加车体自重、占用空间,所以需要电池组具有很高的比能量。

(2) 比功率　为了能使电驱动的加速性能、爬坡性能以及负载性能与内燃机车相提并论,所以对于电池组的比功率会有很高的要求。

(3) 充放电效率　电池中能量必须经过充电-放电-充电的循环,较高的充放电效率对于电驱动的行驶效率有着至关重要的作用。

（4）稳定性　电池组应当在快速充电和放电的往复工况中保持性能的稳定性，使其在动力系统使用条件下能达到足够的放电循环次数。

（5）成本　除了降低电池的初始购买成本，还要提高电池的使用寿命。

（6）安全性　电池不能引起自燃或者燃烧，同时在发生车辆碰撞的时候，不会对驾乘人员造成人身伤害。

3. 新能源电池实例

现阶段物理电池和生物电池并不能广泛使用，因此，以下重点介绍化学电池。

（1）铅酸蓄电池　铅酸蓄电池发明以来，其使用和发展已经有100多年的历史，其广泛应用于内燃机车的动力端，而新能源车所使用的铅酸蓄电池因为需要为车辆提供动力，所以它的主要发展方向是提高比能量，延长循环使用的寿命。铅酸蓄电池是最成熟的新能源电池系统，1881年，世界上第一辆电动三轮车使用的就是铅酸蓄电池，由于铅酸蓄电池成熟、可靠性好、原材料价格低廉，同时比功率也基本上可以满足电动驱动的动力要求，所以在新能源汽车中广泛应用。

铅酸蓄电池的优点：

① 除锂离子电池外，在常用蓄电池中，铅酸蓄电池的电压最高，即为2.0V；

② 制造成本低廉；

③ 可以做成小至1A·h大至几千安·时的各种尺寸和结构的蓄电池；

④ 高倍率放电性能良好，可用于发动机启动；

⑤ 电能效率可以达到60%；

⑥ 高低温性能良好，可以在-40～60℃条件下工作；

⑦ 易于浮充使用，没有"记忆"效应，且易于识别荷电状态。

铅酸蓄电池的缺点：

① 比能量低，在新能源车中所需要占用的整体质量以及体积比较大，一次充电可行驶的里程比较短；

② 使用寿命短，且后期使用成本高；

③ 充电时间长；

④ 铅是重金属，存在污染。

（2）镍氢电池　镍氢电池是20世纪90年代发展起来的一种新型电池，它的正极活性物质主要由镍制成，负极活性物质则由氢合金制成，属碱性电池。镍氢电池具有高比能量、高功率特点，适合大电流放电、可循环充放电，无污染，属于一种绿色能源，目前很多新能源动力车型所使用的电池组都会选择镍氢电池。镍氢电池与铅酸蓄电池相比，具有比能量高、质量轻以及循环寿命长等特点，同时还具有以下特点：

① 比功率高，目前商业化的镍氢电池功率可以达到1350W/kg；

② 循环次数多，目前应用在电动车上的镍氢动力电池组，80%放电深度循环可以达到1000次以上，为铅酸电池的3倍以上，100%DOD循环寿命也在500次以上，在混合动力

的汽车上可以使用五年以上；

③ 无污染，镍氢电池不含铅、镉等对人体有害的金属；

④ 耐过充过放，无记忆效应；

⑤ 使用温度范围大，正常使用温度范围在-30～50℃，存储温度范围为-40～70℃；

⑥ 安全，可以抵抗短路、挤压、针刺、跌落、加热、振动等情况，且不会发生爆炸或者燃烧现象。

（3）锂离子电池　锂离子电池最早在1990年由日本的索尼公司推向市场，是目前世界上最新一代的充电电池系统，与其他电池相比，其有电压高、比能量高、充放电寿命长、无记忆效应、无污染、更快地充电、自放电率低、一级工作温度范围宽和安全等优势，相比镍氢电池，混合动力汽车采用锂离子电池，可使电池系统的质量下降40%～50%，体积减小20%～30%，能源效率也有提升。

锂离子电池按照不同的正极材料可以分为锰酸锂离子电池、磷酸铁锂离子电池以及镍钴锂离子电池（镍钴锰离子电池）等，大多数新能源车型所使用的第一代锂离子电池均为锰酸锂离子电池，其成本更低、安全，但是循环寿命欠佳，同时在高温状态下循环寿命短，甚至在高温状态下会出现锰离子溶出现象，而现在大多数新能源车型所使用的第二代电池组为磷酸铁离子电池，也是未来锂离子电池的发展方向所在。

锂离子电池优点：

① 工作电压高，其工作电压为3.6V，是镍氢、镍镉电池工作电压的3倍；

② 比能量高，其比能量达到150W·h/kg，是镍镉电池的3倍，镍氢电池的1.5倍；

③ 循环寿命长，其循环寿命可以达到千次以上，在低放电深度下可以达到几万次，超过了其他几种二次电池；

④ 自放电率低，锂离子电池的自放电率仅为6%～8%，远低于镍镉电池和镍氢电池；

⑤ 无记忆效应、无污染、可随意塑形。

锂离子电池缺点：

① 成本高，主要是正极材料$LiCoO$的成本高，但按单位瓦时的价格来计算的话，其实已经低于镍氢电池，与镍镉电池持平，但高于铅酸蓄电池。

② 必须有特殊的保护电路，以防止过充现象。

（4）燃料电池　燃料电池（fuel cell，FC）是一种化学电池，它直接把物质发生化学反应时释放的能量转化为电能，工作时需要连续地向其供给活物质（起反应的物质）——燃料和氧化剂。由于它是把燃料通过化学反应释放出的能量变成电能，所以称为燃料电池。燃料电池的发展是以电化学、电催化、电极过程动力学、材料科学、化工过程和自动化等学科为基础的，在1839年格洛夫使用电解水产生的氢气和氧气制造出了最早的燃料电池。

根据燃料电池车的工作原理来说，燃料电池其实是运用串联式混合动力车的工作原理，在某种意义上并不是纯粹的电池，而是一个输送电能的"发动机"，先将化学能转化为电能输送给电池，再将电能输送给电动机。其优点为：

① 能量转换的效率更高。氧化作用将其所释放的化学能转变为电能，而不通过热机过程，也不受卡诺循环的限制。

② 无污染。其排放物仅为水。

③ 结构简单。燃料电池车（质子交换膜燃料电池）的电池模块是一种积木化的结构，使得电池组的组装以及维护都非常方便，运行噪声低。

④ 氢能源来源充分。氢是一种来源非常广泛的能源，且是一种可再生资源，可通过石油、天然气、甲醇、甲烷等进行重整制氢、光解水制氢等得到氢气。

不过缺点同样存在，其成本与其他新能源动力一样非常高，同时对氢的纯净度要求非常高，以及因为氢属于活性物质，所以对于其储存器具的要求也颇为严苛，这些也正是制约燃料电池发展的主要瓶颈，虽然奔驰汽车在燃料电池方面有着不错的发展，但是其依然面临电池能量密度、制造成本等问题。

思考题

1. 什么是生物医用材料？它分为哪些类型？
2. 什么是纳米材料？纳米材料有哪些应用？
3. 除了课本中介绍的新型材料，请再列举数例并说明新型材料的性能与应用。
4. 除了课本中介绍的新材料在汽车工业中的应用，请再列举数例说明新材料在其他方面的应用。

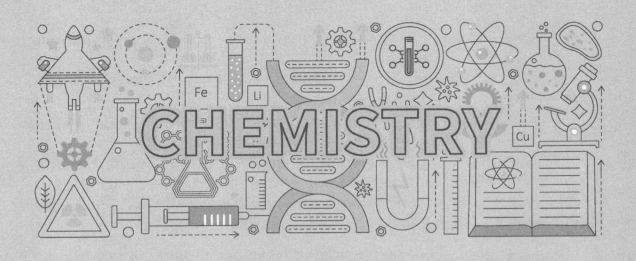

第八章
健康漫谈

健康连着千家万户的幸福，关系着国家和民族的未来。健康是促进人全面发展的必然要求，是经济社会发展的基础条件，是民族昌盛和国家富强的重要标志。健康是人生命延续的保障，生命是化学反应的产物，人体自身就是一座大的化工厂，生命体的生长发育和新陈代谢，都涉及化学变化；吃药治病、扶正祛邪，都与化学紧密相关。

观察上面三幅图片，讨论：
1. 图片中各自代表了哪三种生命状态？
2. 你认为自己健康吗？判断的标准是什么？
3. 怎样才能保持健康？

第一节 什么是健康

健康长寿一直都是人们美好的愿望，也是人类永恒的追求之一。医学最终的目的和意义就是维护人类的健康。我们所说的健康到底是什么？怎样才能算是健康呢？

健康是指一个人在身体、精神和社会等方面都处于良好的状态。健康既是涉及个体幸福的问题，也是一个国家社会进步、医疗卫生水平高低的标志。因此我们从个体健康和人群健康两方面讨论。

一、个体健康

1. 健康概念的变革

（1）传统的健康观　对于一个人是否健康这个问题，通常会认为，体格强壮、肌肉发达就是健康，一个人从不生病或者是长寿就代表健康。其实，这仅仅反映了生理上的一种健康状态，并不代表真正意义上的健康。

中国的传统医学提出"天人合一"的理论，认为"人体小宇宙，宇宙大人生"，一个人的生命、身体、健康和疾病都和周围的自然环境有着密切的关联。人体的健康要符合天人合一的规律，才算是真正的健康。

传统的"无病即健康"的观念在距今2000多年前就已经提出来了。在西方，随着社会的发展、医学模式的改变，医学界也开始对健康意义进行大讨论。现代人的健康观是整体的健康，世界卫生组织（WHO）给出的解释是：健康不仅指一个人身体没有出现疾病或虚弱现象，还指一个人生理上、心理上和社会上的完好状态。现代养生学者宋一夫率先提出"养生之前必先修心"的理论，由此可见心理上的健康与生理上的健康一样重要，这就是现代关于健康的较为完整的科学概念。因此，现代人的健康内容包括：躯体健康、心理健康、心灵健康、社会健康、智力健康、道德健康、环境健康等方面。健康是人的基本权利，健康是人生的第一财富，健康也是一种心态。

（2）健康概念的变革　1948年世界卫生组织在宪章中将健康定义为"一种心理、躯体、社会安定的完美状态，而不是没有疾病和虚弱"。到了1986年，由首届世界健康促进大会制定的渥太华宪章中对健康的定义做了更为明确的解释，认为"应该将健康看作日常生活的资源，而不是生活的目标。健康是一个积极的概念。它不仅是个人素质的表现，也是社会和个人的资源"。在1989年，世界卫生组织提出了健康的新概念，除了身体健康、心理健康、社会适应良好外，又加上了道德健康，只有同时具备这四方面的健康，才算是完整的健康概念。健康的概念开始由生物健康的领域扩充到社会健康的领域。当然，人们对健康的思索一直都没有停止。Johannes Bircher 于 2005 年提出，定义健康概念不仅要考虑人的生理、心理和社会存在，也要考虑现实生活对个人的要求和个人满足现实生活要求能力之间的动态平衡关系。

健康是一种状态，健康是一种资源，健康更是一种能力。从健康是一种状态这个角度看，健康概念已经从一维发展到现在的四维，分别包括躯体健康、心理健康、社会适应健康和道德健康四个方面。在此基础上，哈恩又提出了七维健康观（表 8-1），分别从生理、情绪、社会、智力、精神、职业和环境等不同维度进行衡量。健康是一种动态的幸福快乐状态，其特征是一个人的生理、心理和社会潜能等多个方面能够满足于他的年龄、文化和个人责任相匹配的生活需求，即健康是一种能力。

表 8-1　哈恩提出的七维健康概念

健康维度	具体内容
生理维度	①体重；②感觉能力；③强壮程度；④生理协调度；⑤耐久水平；⑥对疾病的敏感性，恢复正常的速度
情绪维度	①情绪的强度；②情绪的速度；③情绪的平衡程度；④情绪的调节程度
社会维度	①人际敏感；②人际表现；③合作；④助人；⑤同情；⑥理解
智力维度	①获取和操作信息的能力；②辨别事物价值的能力；③做出决定的能力；④信念或观念；⑤解决问题的能力
精神维度	①宗教信仰和实践；②对待生命的态度；③事物之间的关系
职业维度	①稳定性；②压力；③紧张度；④收入；⑤人际关系；⑥环境
环境维度	①外环境（自然环境、社会环境）；②内环境（生理环境、心理环境）；③二者辩证关系

2. 健康的表现

具体到日常生活中，健康可以表现为"五快""三良好"。其中"五快"包含"吃得快、便得快、睡得快、说得快和走得快"五个方面。吃得快，指的是进餐时，有良好的食欲，不挑剔食物，并能很快吃完一顿饭，说明有食欲，不挑食；"便得快"指一旦有便意，能很快排泄完大小便而且感觉良好，说明消化系统功能正常；"睡得快"指有睡意，上床后能很快入睡，且睡得好，醒后头脑清醒，精神饱满，说明睡眠质量高；"说得快"指思维敏捷，口齿伶俐；"走得快"，指行走自如，步履轻盈，说明骨骼肌肉系统强健。

"三良好"指良好的个性人格、处世能力和人际关系。良好的个性人格，包括情绪稳定、性格温和、意志坚强、感情丰富、胸怀坦荡、豁达乐观。良好的处世能力包括客观地观察问题、面对现实具有较好的自控能力以及能适应复杂的社会环境。良好的人际关系包括助人为乐、与人为善、对人际关系充满热情。以上反映的是一个人的心理健康、社会能力以及道德水平的高低。

3. 健康的标准

（1）WHO 健康的十条标准　对于健康，世界卫生组织也给出了十条标准，它们分别是：

① 有充沛的精力，能从容不迫地面对日常生活和繁重的工作，而且不感到紧张疲劳；
② 处事乐观，态度积极，乐于承担责任；
③ 善于休息，睡眠好；
④ 应变能力强，能适应外界环境各种变化；
⑤ 能够抵抗一般性感冒和传染病；
⑥ 体重适当，身体均匀，站立时头、肩、臂位置协调；
⑦ 眼睛明亮，反应敏捷，无眼疾；
⑧ 牙齿清洁，无龋齿，不疼痛，牙龈颜色正常，无出血现象；
⑨ 头发有光泽无头屑；
⑩ 肌肉丰满，皮肤有弹性。

（2）标准生命钟　具体到可以测量的指标，可以用血压、体温、呼吸频率、脉搏等生命体征来判断健康状况。生命体征的具体健康指标为：血压收缩压为 90～120mmHg，舒张压为 60～90mmHg，腋下体温为 36～37℃，呼吸频率为 16～18 次/分，脉搏为 60～80 次/分。这四大生命体征，也是人体的标准生命钟，一定程度上可以衡量人的身体健康状态和水平。

（3）身体质量指数　身体质量指数（BMI）是衡量人体胖瘦的指标，公式为：身体质量指数（BMI）=体重（kg）/身高的平方（m^2）。该指标与死亡风险疾病有密切联系，因此可以作为判定人体是否健康的标准之一。对于亚洲成年人来说，BMI 指数在 18.50～23.90 属于正常，小于等于 18.40，属于偏瘦，24.00～27.90 属于过重，大于等于 28.00 为肥胖（见表 8-2）。

表 8-2　BMI-体态对照表

体态	BMI 范围
偏瘦	≤18.40
正常	18.50～23.90
过重	24.00～27.90
肥胖	≥28.00

（4）腰臀比　腰臀比是判定中心性肥胖的重要指标，计算公式为：腰臀比(WHR)=腰围(cm)/臀围(cm)。男性的腰臀比平均值明显大于女性，两性腰臀比差异明显。有研究表明粗腰细腿的苹果型身材人群患高血压风险最高，而细腰粗腿的梨形身材人群患高血压风险最低。WHR-体质对照表见表 8-3。

表 8-3　WHR-体质对照表

性别	腰臀比标准			
	优秀	良好	正常	不健康
男	<0.85	0.85～0.89	0.90～0.95	≥0.95
女	<0.75	0.75～0.79	0.80～0.86	≥0.86

二、人群健康

1. 健康的评价指标

以上都是关于个人健康问题的介绍，那么对一个国家来说，如何评价人民是否健康？国家和国家之间又是如何比较人群的健康水平呢？流行病学上有三个评价指标，分别是人均期望寿命、婴儿死亡率和孕产妇死亡率。

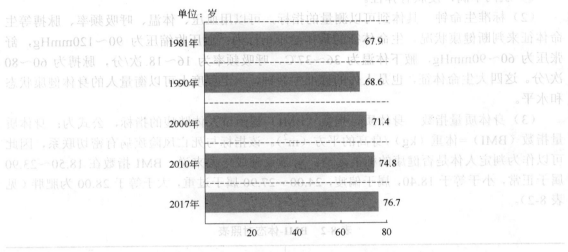

图 8-1　1981～2017 年我国人均预期寿命图

从图 8-1 中可以看出，我们国家的人均期望寿命在不断提升，从 1981 年的 67.9 岁增加到了 2017 年的 76.7 岁，这反映了我们国家人民的健康水平在不断提高。

2. 世界健康日（WHD）

就世界范围来说，为了引起全世界人们对于卫生、健康的关注，使人们意识到健康对于劳动创造幸福生活的重要性，提高人们的健康意识和健康行为，世界卫生组织将每年的 4 月 7 日设立为世界卫生日（World Health Day），也被称为世界健康日，其标识见图 8-2。从 1950 年开始，每年的世界卫生日都有一个主题。2022 年 4 月 7 日是第 73 个世界卫生日，中国主题是"健康家园，健康中国"。

图 8-2　世界健康日（WHD）标识

三、影响健康的因素

世界卫生组织认为,目前影响健康的四大基本因素分别是:父母遗传占(15%)、环境因素(占17%,其中社会环境因素占到10%,自然环境因素占到7%)、医疗条件(占8%)、个人生活方式(占60%)。我国死亡率最高的十大疾病排序(表8-4)也随着时代变化而发生着改变。

表8-4 我国死亡率最高的十大疾病

年份	十大疾病
1990	①下呼吸道感染;②卒中;③慢阻肺;④先天性畸形;⑤溺水;⑥新生儿脑病;⑦缺血性心脏病;⑧自我伤害;⑨自产并发症;⑩交通意外
2010	①卒中;②缺血性心脏病;③慢阻肺;④交通意外;⑤肺癌;⑥肝癌;⑦胃癌;⑧自我伤害;⑨下呼吸道感染;⑩食管癌
2013	①卒中;②缺血性心脏病;③交通意外;④慢阻肺;⑤肺癌;⑥肝癌;⑦胃癌;⑧先天性疾病;⑨下呼吸道感染;⑩肝硬化

这其中,与生活方式有关的疾病排序正在逐年靠前,这些都充分说明了目前的健康问题主要是由生活方式所造成的。牛津健康联盟3-4-50模式(图8-3)也揭示了3种不健康的生活方式,即缺乏运动、缺乏营养、吸烟,会引发4种慢性病(癌症、糖尿病、心脏和肺部疾病),从而导致世界上超过50%的死亡。

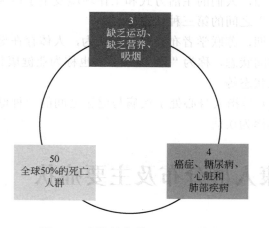

图8-3 牛津健康联盟3-4-50模型

四、十种危险生活方式

与健康有关的十大危险生活方式为:第一,极度缺乏体育锻炼。这就容易造成疲劳眩

生活中的化学

晕的现象，引发肥胖和心脑血管等疾病。第二，有病不求医，不理会小毛病或者随便吃点药扛过去，常常会导致疾病被拖延，错过了最佳治疗时机。第三，一些疾病被药物表面缓解作用掩盖而延误成大病。不参加体检不能及时了解自身健康状况和危险因素，而延误了最佳预防治疗时机。第四，不吃早餐，可导致消化系统和代谢性疾病。第五，缺乏交流，在缺乏交流疏导和宣泄的情况下，人的精神压力与日俱增。第六，长时间处于空调环境中。调查表明，常年处于空调房中，人体自身机体调节和抗病能力明显下降。第七，久坐不动。长时间坐着不利于血液循环，会引发很多代谢性和血管性疾病，坐姿长久固定，也可以引发腰椎疾病。第八，不能保证睡眠时间。睡眠不足是导致疾病的重要原因。第九，面对电脑过久。过度使用和依赖电脑，除了辐射，会导致眼病、腰椎疾病，还会引起精神、心理发病率增高。第十，饮食不规律。不能保证三餐定时适量，常常导致心脑血管和代谢性疾病。对于我们为什么会生病这个问题，你现在是否已经清楚了？那我们应该如何保护自己呢？我们将在下一节进行讨论。

第二节 你是否"亚健康"了

随着现代社会经济的飞速发展以及医疗水平的不断进步，人类的身体健康水平逐步提高，但随着竞争日益激烈，人们的生活方式和工作环境发生了巨大的变化，越来越多的人处于"健康"和"疾病"之间的第三种状态中。

20世纪80年代中期，苏联学者布赫曼教授认为，人体存在健康与疾病的中间状态，这种非健康非疾病的中间状态，称为"第三状态"，也称为亚健康状态、潜病状态、病前状态、亚临床状态、灰色状态等。

亚健康状态（SHS）是指人身心处于疾病与健康之间的一种健康低质状态，其临床表现复杂多样，但不能确诊为疾病。

一、亚健康人群分布及主要症状

1. 亚健康人群的分布

（1）人群健康状态的分布　亚健康是预防医学领域提出的一个新概念。世界卫生组织将机体无器质性病变，但是有一些功能改变的状态称为第三状态，我国称为亚健康状态。具体指无临床症状和体征，或者有病症感觉而无临床检查证据，但已有潜在发病倾向的信息，处于一种机体结构退化和生理功能减退的情况和心理失衡的状态。世界卫生组织一项全球调查表明，全世界真正健康的人仅占 5%。而经过医生检查，患病的人也只有 20%。

75%以上的人处于亚健康状态。根据 2016 年世界卫生组织报告，全球亚健康人数超过 60 亿人，占全球总人数的 85%。

（2）亚健康人群性别分布　我国亚健康人数占中国总人数的 70%，约 9.5 亿人。相当于 10 个人当中就有 7 个人处于亚健康状态。从性别上来看，男性的亚健康人数高于女性（见图 8-4）。专家表示，处于亚健康状态的女性容易受到妇科、心脑血管病变的危害，男性则面临猝死、过劳的问题。

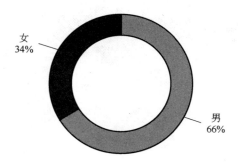

图 8-4　亚健康人群性别分布

（3）亚健康人群年龄分布　亚健康人群的年龄分布（图 8-5）呈现两头低、中间高的类似正态分布的曲线，发病率最高的年龄段是 31～35 岁，占比为 29%，其次为 36～40 岁，占比为 21%。

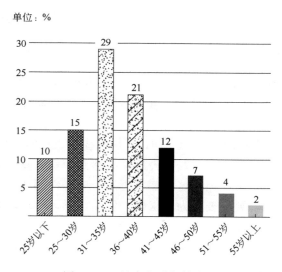

图 8-5　亚健康人群年龄分布

（4）亚健康人群职业分布　亚健康人群的职业分布（图 8-6），以互联网/电子行业所占比例最高，约占 22%，其次是企业高管，也就是白领，约占 16%。从总体上看，亚健康易发的人群主要为精神负担过重、体力劳动负担比较重、长期从事简单机械化操作、生活无规律、脑力劳动繁重、人际关系紧张、压力大、饮食不平衡以及吸烟酗酒的人。

生活中的化学

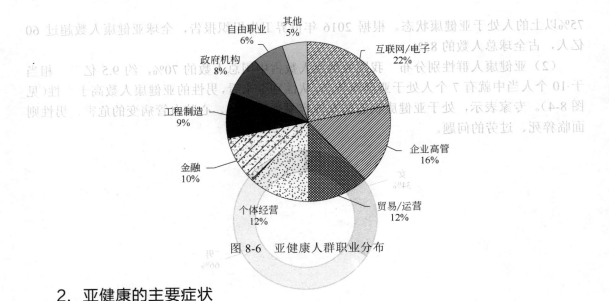

图 8-6 亚健康人群职业分布

2. 亚健康的主要症状

亚健康的主要症状有免疫功能下降、反应迟钝、食欲不振、记忆力下降、焦虑等。

首先，免疫功能是人体抵御疾病最本质、最重要的功能。人体处于亚健康状态时，不管是什么原因引起的亚健康，还是哪一种表现的亚健康，都有一种共同的特点，即免疫功能下降。

其次，亚健康的人思维缓慢，反应迟钝。这类患者会经常坐着发呆、发愣。遇到问题的时候，当时不知道该怎么办，但后面闲暇的时候反复思考，才知道当时该如何做才是对的。

再者，食欲不振，没有胃口。吃什么都不香，或者根本就不想吃，有时可能伴有胃胀、胃消化能力下降等现象。记忆力下降，注意力不集中，比如怎么也想不起朋友的名字，或者是到嘴边的话突然忘了。

最后是焦虑烦躁。焦虑是现代人的通病，有焦虑症的人通常会感到莫名的恐惧、心慌、出汗、脸色苍白、两手发抖等。有时发作过后，会感到一切恢复正常，而有时则会使人长时间处于一种紧张不安的状态，担心这种症状再次形成恶性循环。而有些亚健康的人会表现得不自信、安全感不够，突出表现为对工作、生活、学习等环境难以适应，对人际关系难以协调。

二、亚健康分类

以 WHO 四位一体的健康新概念为依据，亚健康可以划分为躯体亚健康、心理亚健康、社会适应性亚健康和道德方面的亚健康。

躯体亚健康主要表现为不明原因或者是排除疾病原因的体力疲劳、虚弱、周身不适、性功能下降和月经周期紊乱等；心理亚健康主要表现为不明原因的脑力疲劳、情感障碍、思维紊乱、恐慌、焦虑、自卑以及神经质、冷漠、孤独、轻率，甚至产生自杀念头等；社会适应性亚健康突出表现为对工作、生活、学习等环境难以适应，对人际关系难以协调，即角色错位和不适应是社会适应性亚健康的集中表现；道德方面的亚健康主要表现为世界观、人生观和价值观上存在着明显的损人害己的偏差。

三、亚健康的30项标准

2001年，中国亚健康学会召开会议，学者们提出了有关亚健康检测的30项标准。
- 精神紧张，焦虑不安；
- 孤独自卑，忧郁苦闷；
- 注意力分散，思考肤浅；
- 容易激动，无事自烦；
- 记忆减退，熟人忘名；
- 兴趣变淡，欲望骤减；
- 懒于交往，情绪低落；
- 易感乏力，眼易疲劳；
- 精力下降，动作迟缓；
- 头昏脑胀，不易复原；
- 久站头昏，眼花目眩；
- 肢体酥软，力不从心；
- 体重减轻，体虚力弱；
- 不易入眠，多梦易醒；
- 晨不愿起，昼常打盹；
- 局部麻木，手脚易冷；
- 掌腋多汗，舌燥口干；
- 自感低烧，夜有盗汗；
- 腰酸背痛，此起彼伏；
- 舌生白苔，口臭自生；
- 口舌溃疡，反复发生；
- 味觉不灵，食欲不振；
- 发酸嗳气，消化不良；
- 便稀便秘，腹部饱胀；
- 易患感冒，唇起疱疹；
- 鼻塞流涕，咽喉疼痛；
- 憋气气急，呼吸紧迫；
- 胸痛胸闷，心区压感；
- 心悸心慌，心律不齐；

141

生活中的化学

● 耳鸣耳背，易晕车船。

如果有六项和六项以上，相比之前变化很大，就可以初步被认定为处于亚健康状态，应该进行检查并采取措施进行调整。

四、亚健康的危害和原因

亚健康的后果很严重，我们可以将其归为五大危害。第一，亚健康是大多数慢性非传染性疾病的疾病前状态，大多数恶性肿瘤、心脑血管疾病和糖尿病等均是从亚健康人群转入的。第二，亚健康状态明显影响工作效率和生活、学习质量，甚至危及特殊作业人群的生命安全，例如高空作业人群、竞技体育人员等。第三，心理亚健康极易导致精神疾患，甚至导致自杀和家庭伤害。第四，多数亚健康状态与生物钟紊乱构成因果关系，直接影响睡眠质量，加重身心疲惫。第五，严重亚健康可明显影响寿命，甚至造成英年早逝。

引起亚健康问题的原因有很多，其中包括升学、就业、工作、升迁等精神压力。而现代人饮食往往热量过高，营养不均衡，加之食物中人工添加剂过多，人工饲养动物成熟期短、营养成分偏缺，造成很多人体重要的营养素缺乏和肥胖症增多，人体的代谢功能紊乱。另外，睡眠不规律也是引起亚健康的重要原因之一。人体在进化过程中形成了固有的生命运动规律，即生物钟。它维持着生命运动过程气血运行和新陈代谢的规律。如果逆时而作，就会破坏这种规律，影响人体正常的新陈代谢。缺乏运动、各种环境污染、心情起伏过大和信息污染等因素中工作压力大是最大的原因，其次是熬夜和环境因素。

五、如何克服亚健康

亚健康是一种动态可调整的状态，就像是在弹性极限中的弹簧变形后是可以完全复原的，关键看我们采取什么样的态度。如果置之不理，那么亚健康就会变成疾病状态。如果采取健康管理和维护，那么亚健康会恢复到健康状态。亚健康最主要的是采取生活方式的管理。

美国行为学家 Breslow 等人对 6928 名加利福尼亚州成人进行了为期五年的七项健康行为干预研究，这七项健康行为包括：每晚睡 7~8h；每天不忘吃早饭；一日三餐外不吃零食；控制体重，保持正常状态；适度运动；不吸烟；适量饮酒。结果发现能做到六到七项的人，比只做到三项或不到三项的人，平均寿命延长 11 年。

在这里分享一下预防亚健康的 12 字方针，它们是"平心""减压""顺钟""增免""改良""体检"。"平心"，即平衡心理、平静心态、平稳情绪；"减压"，即适时缓解过度紧张和压力；"顺钟"，即顺应好生物钟，调整好休息和睡眠；"增免"，通过有氧代谢运动等增强自身免疫力；"改良"，即通过改变不良生活方式和习惯，从源头上避免亚健康状态发生；"体检"，即定期进行身体的健康体检，及时发现身体内的潜藏病因并且及时治疗。

第三节
如何做一个健康的人

据世界卫生组织2002年统计,全球三分之一的死亡可归因于吸烟、酗酒、不健康饮食等危险因素,不健康的行为和生活方式已成为人类的最大"杀手",因此我们要进行良好的健康管理。

一、健康管理

1. 概述

健康管理是指对影响健康的危险源进行全面检测、评估和有效干预的活动过程,利用有限的资源来达到最大的健康效果,更有效地保护和促进健康。健康管理就是古人所谓的"养生",所谓"养生",就是保养生命。养生作为人类生存的智慧,已渗入人们的日常生活之中,成为人类探索的永恒主题之一。如今,养生保健知识日益普及,大家都知道,为了健康和长寿,要注意调节情绪、积极运动、讲究饮食和保证睡眠。

2. 为什么需要健康管理

《中国居民营养与健康状况调查报告》显示,我国高血压患病率上升,我国18岁及以上居民高血压患病率为18.8%,估计全国患病人数1.6亿多;糖尿病患病增加,我国18岁及以上居民糖尿病患病率为2.6%,全国糖尿病现患病人数约2000万,另有近2000万人糖耐量受损;超重和肥胖患病率上升,我国成人超重率为22.8%,肥胖率为7.1%,估计人数分别为2.0亿和6000万;血脂异常,我国成人血脂异常患病率为18.6%,估计全国血脂异常现患人数为1.6亿。

有人曾经将健康比作1,其他的学识、才华、金钱等均为0,没有了"1",后面的"0"都毫无意义。这就是人生的基本道理:失去健康,一切为零。健康是人生最宝贵的财富!是人生成功的基石!正如1992年世界卫生组织发表的《维多利亚宣言》:健康是金,如果一个人失去了健康,那么,他原来所拥有的和正在创造即将拥有的统统为零!对于绝大多数人来说,有一件事是人人平等的,那就是每个人都拥有或拥有过健康的身体财富。人生需要规划,健康更需要管理。

同时,通过健康体检,可做到疾病早发现,早诊断,早治疗。从健康到生病往往经历系列过程,应该从低危险状态开始进行预防干预,而不能发病时临床干预,那就为时已晚了,也就是所说的预防为主。进行健康管理最主要的目标是延长寿命。按照生物学的原理,哺乳动物的寿命是它生长期的 5~7 倍。人的生长期是用最后一颗牙齿长出来的时间(20至25岁)来计算,因此人的寿命最短 100 岁,最长 175 岁,公认的人的寿命正常应该是 120 岁。一个人寿命的长短,跟自己的健康管理有绝对的关系。

有句民谚说:"健康7、8、9,百岁不是梦",70岁、80 岁没有病,活到 90 岁也很健康,没有病,那么活到 100 岁不是梦,人人都应该健康 100 岁,这是正常的生物规律。

3. 健康管理的影响因素

世界卫生组织报告认为,人的健康影响因素是:健康=60%自我健康管理+15%遗传因素+10%社会因素+8%医疗条件+7%气候条件。美国的研究表明,高超的医疗技术可以减少10%的过早死亡。而健康生活方式不用花多少钱则可以减少 70%的过早死亡,也就是说,大多数人可以通过自我保健达到健康百岁。

维护健康的四大基石包括合理营养、平衡饮食,适量运动、积极锻炼,戒烟限酒、睡眠充足,情绪乐观、心理健康。

(1) 合理营养,平衡饮食　水是生命之源,喝水非常重要。人体每天需要补充水分,缺水使水清除体内污染的作用受到严重干扰,而水太多会使尿量增加过多引起钠和钾等电解质流失。

起床一杯水。清晨可以说是一天之中补充水分的最佳时机,因为清晨饮水可以使肠胃马上苏醒过来,5min 内就能从胃里直接吸收,20min 后完全吸收,刺激蠕动、防止便秘并迅速降低血液浓度,促进循环,让人神清气爽,恢复清醒。

三餐后喝水。医生建议用餐后半小时喝水较为适当。身体的消化功能、内分泌功能都需要水,代谢产物中的毒性物质要靠水来消除,适当饮水可避免肠胃功能紊乱。可以在用餐半小时后,喝一些水,加强身体的消化功能,帮助维持身材。

睡前一杯水。人体在睡眠的时候会自然发汗,在不知不觉中流失了水分和盐分,而睡眠的时间内,身体都无法补充水分,这就是为什么早晨起床会觉得口干舌燥的原因了。因此医生建议在睡前半小时要预先补充水分,让身体在睡眠中仍能维持平衡的状态,同时也能降低尿液浓度,防止结石的发生。

感冒多喝水。当人感冒发烧的时候,人体出于自我保护机能的反应而自身降温,这时就会有出汗、呼吸急促、皮肤蒸发的水分增多等代谢加快的表现,这时就需要补充大量的水分,身体也会有叫渴的表现。多喝水不仅促使出汗和排尿,而且有利于体温的调节,促使体内毒素迅速排泄掉。

(2) 适量运动、积极锻炼　公元前 8 世纪,在希腊有一句被公认为是最早的一段体育格言:"如果你想强壮,跑步吧!如果你想健美,跑步吧!如果你想聪明,跑步吧!"现代科学家们提出了"三、五、七原则","三"是指一次 3km、30min 以上,"五"是指一星期最少运动 5 次,"七"是指优良代谢,即运动到你的年龄加心跳等于 170。例如一个人 50岁,运动到心跳 120,加起来是 170,为最适宜的运动强度。

锻炼身体是件好事,但要注意六不宜:锻炼不宜骤然进行;雾天不宜进行锻炼;锻炼时不宜用嘴呼吸；锻炼时不宜忽视保暖；空腹不宜进行锻炼；早起不宜外出锻炼。最适宜运动和锻炼的时间为下午和傍晚。

（3）戒烟限酒、睡眠充足　吸烟有害健康是众所周知的事实。90%的肺癌、75%的慢性阻塞性肺疾病和25%的冠心病都与吸烟有关。香烟点燃后能产生4720种化合物，这些物质对呼吸道有刺激作用。如果能戒烟一定要戒，戒不了的，建议一天不超过5支。抽烟量多1倍，危害多4倍。同时，中国营养学会建议：成年男性一天饮用酒精量不超过25g，成年女性一天饮用酒精量不超过15g（见图8-7）。在饮酒方面要注意以下几个方面：①饮酒要适量；②晚上12点之后不要饮酒；③慢慢饮用；④不宜边吸烟边饮酒；⑤在开心的气氛下饮酒；⑥不宜空腹饮酒，边吃东西边饮酒；⑦不宜用烟熏肉类下酒。

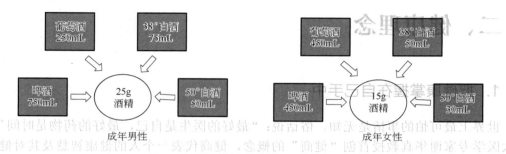

图8-7　成年男性和女性一天的酒精量

"吃得好，睡得好"是身体健康的两个非常重要的因素。我们一天24h中，平均有8h在睡觉，占了我们一天近三分之一的时间。因而，人的一生中有1/3的时间是在睡眠中度过的。充足的睡眠是人们解除疲劳，恢复体力、精力和增进健康的重要保证。若睡眠不足，会有非常大的危害：影响皮肤的新陈代谢，加速皮肤的老化，使皮肤颜色显得晦暗而苍白。尤其是眼圈发黑，且易产生皱纹。同时容易疲倦、忧郁、注意力不集中、工作效率低，易引起纤维肌痛、睡眠呼吸暂停、夜间肌阵挛病。长期睡眠不足还容易导致肥胖，尤其是夜里睡不着，肚子容易觉得饿，饿了不能不吃东西，体重不知不觉会增加。睡眠不足也易导致荷尔蒙分泌增加，胰岛素抗性提高（糖尿病前期症状），还会引起血液中胆固醇含量增高，增大发生心脏病的概率。

人的自然生物钟每天需要8h睡眠，长期每少睡1h死亡率增高9%。在充足睡眠的基础上，"三个半分钟"会更有利于身体健康：醒来在床上躺半分钟；坐起来后又坐半分钟；两条腿垂在床沿又半分钟。

（4）情绪乐观、心理健康　心理平衡是健康管理最重要的影响因素。其作用超过其他所有因素的综合。每个健康的人都心胸开阔、性格随和、心地善良，没有一个健康的人心胸狭隘、脾气暴躁、小肚鸡肠、钻牛角尖。

美国生理学家艾尔玛将玻璃管插在0℃装有冰和水混合物的容器里，收集人在不同情绪下呼出的"气水"。结果发现：悲痛时呼出的水汽冷凝后则有白色沉淀；心平气和时呼出的气，凝成的水澄清透明、无色、无杂质。如果生气，则会出现紫色的沉淀。将"生气水"注射到白老鼠身上，老鼠居然死了。由此可见，生气对健康的危害非同一般。若经常接触一些长寿老人就不难发现，他们大多生活节奏慢中有序，神态从容，与世无争。想要拥有健康的身体，愉悦的心情必不可少。俗语说："日出东海落西山，愁也一天，喜也一天；遇事不钻牛角尖，人也舒坦，心也舒坦。"我国自古就有喜伤心、怒伤肝、思伤脾、忧伤肺、恐伤肾之说，所以说乐观平和的心态是健康的良药，好心态是健康的保鲜素。凡是情绪乐观、心情舒畅的人，抵抗力强，有益于健康长寿。

平衡心理的调控要点有：遇到批评想开点；遇到表扬清醒点；遇到挫折振作点；遇到荣誉让着点；遇到矛盾冷静点；取得成绩谦虚点；遇到烦恼绕开点；遇到压力放松点。常见的合理宣泄情绪方式有运动、听音乐、散步、看一场电影、和知心好友谈心、一个人静静地待一会。

二、健康理念

1. 把健康掌握在自己手中

世界上最可怕的事情是无知。俗话说："最好的医生是自己，最好的药物是时间"。加拿大医学专家谢华真教授首创"健商"的概念，健商代表一个人的健康智慧及其对健康的态度。人的寿命是由生活环境、行为方式、遗传因素、心理状态、性格乃至突发事件等许多因素所决定的。身体强壮与体弱多病的先天基础并非是能决定能否成为健康人或长寿与否的唯一因素，这两者的差距就在于各自的HQ（健商）的不同。

像每个人都拥有的IQ（智商）和EQ（情商）一样，HQ（健商）也是个人特征之一，它是人的健康商数，健康智力，是评估一个人健康状况的全新理念。它不是由先天因素主宰的，而可以通过意志力和情感智力来改善，通过主动、积极的知识获取来提高。高智商的人未必一定会有高健商，而高健商却一定会有助于高智商的形成和保持。健商是一个身心健康的理念，它提倡用大量的自我保健知识武装自己，将自己的健康交由自己主宰，而不是指望专家、药物等；它强调身心相连、情感影响健康、治病不如防病、休养不如锻炼；它力图改变人们的健康医疗观念，帮助人们从纷繁杂乱的各种医疗保健信息中选一条值得一生坚持的健康幸福之路，并最终得以乐享天年。健商高低更多地决定于后天因素即环境因素、生活方式等。正所谓聪明人增值健康，明白人保值健康，糊涂人透支健康，愚蠢人损害健康。

2. 预防重于治疗

《黄帝内经》书中曾提到"上医治未病，中医治已病，下医治大病"。随着医疗技术的进步，我们更应该坚持"先预防后保健再治疗三位一体的未病防治体系"。如今医疗系统存在着治疗方式与社会需求不对等的状况，很多人对于健康的理解就是有病才治，但是实际上预防在大健康中是最为重要的一步。实际上，不论是慢性疾病还是重大恶疾，提早预防将会大大减少疾病的发病率，减少病人得病后治疗的痛苦，还可有效缓解医疗压力。

三、健康实施

做高"健商"的人。健商与先天的体质基础、后天的学习以及自身的修养密切相关，更与情商、智商有关。但健商比情商、智商更重要。情商、智商是健商的基础。健商的发展为情商、智商提供了保障。健商的高低影响健康水平，也影响着人们的生活和事业。高健商是一个人成功有力且可持续的保障。

年轻时就要养生保健。国医大师陈可冀院士曾提出"二十养生正当年，四十指标都正常，六十以前没有病，八十游泳人未老，九十犹能半小跑，轻轻松松一百岁"。

避免亚健康。在高速运转的工作生活中我们要时刻保持心情愉悦、作息规律、睡眠充足、膳食合理、饮食科学、坚持锻炼，从而避免亚健康状态。打牢"合理膳食、适当运动、睡眠充足、心理平衡"健康四大基石，谨记最好的医生是自己，最好的药物是时间，最好的运动是步行，最好的心情是宁静。

四、健康自测

目前，国内外学者普遍认为心理健康的标准有 11 项，基本符合这 11 项标准的人，就可以认定是心理健康的人了。

① 具有适度的安全感，有自尊心，对自我和个人成就有"有价值"的感觉。
② 充分了解自己，不过分夸耀自己，也不过分苛责自己。
③ 在日常生活中，具有适度的自发性和感应性，不为环境所奴役。
④ 适当接受个人的需要，并且有满足此种需要的能力。
⑤ 有自知之明，了解自己的动机和目的，并能对自己的能力做适当的估计。
⑥ 与现实环境保持良好的接触，能容忍生活中的挫折和打击，无过度幻想。
⑦ 能保持人格的完整，个人的价值观能视社会标准的不同而变化，对自己的工作能集中注意力。
⑧ 有切合实际的生活目标，个人所从事的事业多为实际的、可能完成的工作。
⑨ 具有从经验中学习的能力，能适应环境的需要而改变自己。
⑩ 在集体中能与他人建立和谐的关系，重视集体的需要。
⑪ 在不违背集体的原则下，能保持自己的个性，有个人独立的观点，有判断是非、善恶的能力，对人不做过分的谄媚，也不过分寻求社会的赞许。

亚健康是一种临界状态，处于亚健康状态的人，虽然没有明确的疾病，但却出现精神活力、适应能力和反应能力的下降，如果这种状态不能得到及时纠正，非常容易引起心身疾病。表 8-5 是简单的亚健康自测。

生活中的化学

表 8-5 亚健康自测

分数	自测内容
5 分	早上起床时，常有头发丝掉落
3 分	感到情绪抑郁，常常发呆
10 分	经常忘记已经想好的事
5 分	害怕走进办公室，觉得工作令人厌倦
5 分	不想面对同事和上司，有自闭式的渴望
5 分	工作效率下降，上司已表达了对你的不满
10 分	工作一小时后，就感到身体倦怠，胸闷气短
5 分	工作情绪始终无法高涨，无名火气很大，但又没有精力发作
5 分	常常盼望逃离办公室，为的是能够早早地回家，躺在床上休息片刻
5 分	对周围的污染和噪声非常敏感，比别人更渴望清幽的宁静山水，使身心得到休息
2 分	不再热衷于朋友的聚会，有种强打精神、勉强应酬的感觉
10 分	晚上经常睡不着，即使睡着了，又老是在做梦状态中，睡眠质量也很糟糕
5 分	感觉免疫力下降，常常感觉全身疼痛，经常感冒

如果累积总分超过 30 分，就表明健康已敲响警钟；如果累积总分超过 50 分，就需要坐下来，好好地反思你的生活状态，加强锻炼和营养搭配等；如果累积总分超过 70 分，赶紧调整自己的心理，或是好好休息一下吧！

思考题

1. 从健康到疾病是一个怎样的过程？
2. 你觉得成为身体健康的人需要依靠的是什么？
3. 如何才能成为身体健康的人？具体的措施有哪些？

参考文献

[1] 李志松,田伟军. 化学与生活. 北京:化学工业出版社,2015.
[2] 黄普倩.化学与社会. 北京:科学出版社,2021.
[3] 赵雷洪,竺丽英. 生活中的化学. 杭州:浙江大学出版社,2010.
[4] 陈景文,唐亚文. 化学与社会. 南京:南京大学出版社,2014.